高职高专电子信息类专业课改系列教材

交 换 技 术

主　编　杨前华
副主编　黄秀丽　吕　艳　邓　韦

西安电子科技大学出版社

内 容 简 介

随着我国通信事业的发展，通信网络发展迅猛。交换技术是通信网络核心技术之一。本书以工程实践为背景，采用模块化教学理念，按企业对人才的实际知识要求来编写和组织内容，全面讲述了程控交换技术和软交换技术的原理、硬件、组网结构和设备配置等。

本书共分 6 章，概括为 4 个模块：第一模块介绍了交换技术的概念和分类，2G PSTN 电话网的网络结构等内容；第二模块介绍了数字程控交换的原理，程控交换机的硬件、软件等内容；第三模块介绍了信令的概念和分类，No.7 信令系统的分层功能结构、信号单元结构、消息流程和网络结构等内容；第四模块介绍了软交换，VOIP 技术的体系结构、基本原理及中兴软交换网络的系统结构、数据配置、维护方法、组网及其在现网的应用等内容。本书内容丰富，资料翔实，语言通俗流畅，工程实践性强，书中配有大量插图和表格，以帮助读者形象直观地理解，每章后均附有思考与练习，便于教师组织实施综合实训。

本书可作为高职高专院校通信、电子与信息等专业的教材，也可作为通信技术人员的培训教程或自学参考书。

图书在版编目(CIP)数据

交换技术/杨前华主编. —西安：西安电子科技大学出版社，2015.1(2022.7 重印)
ISBN 978 - 7 - 5606 - 3475 - 3

Ⅰ. ① 交…　Ⅱ. ① 杨…　Ⅲ. ① 通信交换—高等职业教育—教材
Ⅳ. ① TN91

中国版本图书馆 CIP 数据核字(2014)第 292990 号

策　　划　刘玉芳
责任编辑　马武装
出版发行　西安电子科技大学出版社(西安市太白南路 2 号)
电　　话　(029)88202421　88201467　　邮　编　710071
网　　址　www. xduph. com　　电子邮箱　xdupfxb001@163.com
经　　销　新华书店
印刷单位　陕西天意印务有限责任公司
版　　次　2015 年 1 月第 1 版　2022 年 7 月第 3 次印刷
开　　本　787 毫米×1092 毫米　1/16　印张　12
字　　数　280 千字
印　　数　5001～6000 册
定　　价　29.00 元
ISBN 978 - 7 - 5606 - 3475 - 3/TN

XDUP　3767001 - 3

前　　言

交换设备是通信网的重要组成部分，交换技术是通信网的核心技术。随着我国电信产业的快速发展和电信市场的不断开放，各种交换技术也在不断演化，新技术、新概念层出不穷，新系统不断涌现。传统的 PSTN 必将发展为新一代通信网，即以数据通信为主、使用分组交换、以互联网协议（IP）为基础的新型通信网。以软交换技术为核心的下一代网络技术应运而生，其清晰的分层结构、标准的协议接口和分布式的网络特征都为电信网络跨越现有的技术障碍，为企业创造更广阔的利润空间提供了坚实的基础和保证。

为了培养适应现代通信网络技术发展的应用型、技能型高级专业人才，编者根据多年在通信网与交换技术领域教学、科研和工程实践的经验和体会，以及对电信交换各技术领域的理论和实践问题的深刻理解，结合高职高专教学的要求和特点，并参考了中兴企业的软交换设备及组网的案例，与几位专业教师合作编写了本书，使读者对现代交换技术有一个清晰而全面的认识。

本书是交换技术课程改革系列教材，书中大部分内容都来自科研与工程实践，并结合与参考了国内外相关技术标准。本书采用模块化教学理念，共分为4个模块，每个模块在介绍理论知识的基础上讲述与理论知识紧密联系的实践操作技能，真正体现了高职高专培养"高技能应用型人才"的培养目标。每个模块分为学习目标、知识要点、正文及思考与练习等4个部分，从而方便读者阅读。

本书是由南京信息职业技术学院的老师和中兴通讯股份有限公司专门从事软交换技术研究的技术人员共同编写的，其中部分人员长期从事通信网建设工作，并参与了国内外一些运营商的软交换项目工程。本书第1、2、4、5、6章由杨前华和黄秀丽（中兴通讯学院）编写，第3章由吕艳编写，全书由杨前华和邓韦负责统稿。

本书在编写过程中，得到了南京信息职业技术学院领导和通信学院通信技术教研室的大力支持，谨此表示感谢。

由于通信网与交换技术发展迅速，加之作者水平有限，书中不当之处在所难免，敬请读者批评指正。

编　者

2014 年 10 月

目　　录

第1章　交换技术基础

【学习目标】

　　通过本章学习，了解交换技术基础知识，包括电话通信起源、电话交换机的发展和分类，电信网的概念和组成；能区分不同交换方式和 PCM 帧结构；掌握程控交换机的软硬件结构，数字交换网络基本单元的组成、功能、工作原理以及交换机呼叫处理过程。

【知识要点】
　　1. 交换的概念
　　2. 交换机的发展和分类
　　3. 电路交换和分组交换
　　4. 电话网的结构
　　5. PCM 帧结构

1.1　交换的概念

1.1.1　交换的引入

　　通信的目的是在信息的源和目的之间传送信息，这个源和目的对应的就是各种通信终端。1876 年，美国科学家贝尔发明了使用至今的通信工具——电话。最初的电话通信只能完成一部话机与另一部话机的固定通信，如图 1-1 所示，这种仅涉及两个终端的通信被称为点对点通信。

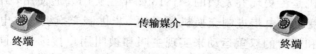

图 1-1　点对点通信

　　最早的电话网就是采用点对点的通信方式。随着用户数量逐渐增多，电话网络结构逐渐变得复杂，此时，点对点通信的缺点开始暴露出来。

　　点到点通信存在如下缺点：

　　（1）任意两个用户之间的通话都需要一条专门的线路直接连接，当存在 N 个终端时，需要的传输线数为 $N(N-1)/2$ 条，传输线的数量随终端数的增加而急剧增加，如图 1-2 所示。

　　（2）每个终端都有 $N-1$ 条线与其他终端相连接，因而每个终端需要 $N-1$ 个线路接口。

（3）增加第 N+1 个终端时，必须增设 N 条线路。

（4）当终端间相距较远时，线路信号衰耗大。

1878 年，美国人阿尔蒙·B·史瑞乔提出了交换的设想，有效地解决了这些问题。其基本思想是将多个终端与一个转接设备相连，当任何两个终端要传递信息时，该转接设备就把连接这两个用户的有关电路接通，通信完毕再把相应的电路断开，我们称这个转接设备为交换机，如图 1-3 所示。交换机的出现不仅降低了线路的投资，而且提高了传输线路的利用率。

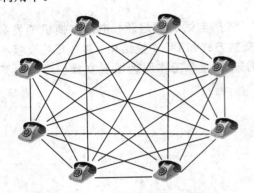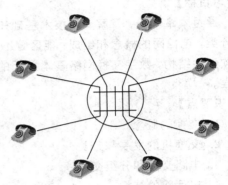

图 1-2　多个终端的点对点通信　　　　　图 1-3　有交换设备的通信

1.1.2　交换机的发展和分类

在阿尔蒙·B·史瑞乔提出交换思想之后，人们就开始考虑如何设计一个交换设备来实现交换的功能，于是先后出现了人工交换机、自动电话交换机、步进制和纵横制电话交换机、程控交换机以及现在的软交换设备。

最早的交换机是人工交换机，每个用户的话机都连接到交换机上。当 A 需要和 B 通话时，A 只要摘机，就接通了接线员。接线员会问："您要哪里?"，A 回答："我要找 B"，接线员就手动把 A 和 B 的线路连接起来，电话就接通了。这是最古老的交换机，需要依靠人（话务员）完成主/被叫用户之间的接续。它可以分为磁石式和供电式交换机两种。现在人工交换机已被淘汰，但人工接续这种方式还在某些特殊场合应用。

自动电话交换机是由史瑞乔发明的，于 1892 年在美国开通使用，开始了自动接续的时代，这场革命性的变革是由步进制交换机带来的。步进制交换机是由电动机的转动带动选择器（接线器）垂直和旋转的双重运动来实现主叫和被叫用户接续的。同时期，另外一种经典的交换机是纵横制交换机，这种交换机开始使用电磁力建立和保持接续。它的选择器采用交叉的"纵棒"和"横棒"选择接点，通过控制电磁装置的电流可以吸动相关的纵棒和横棒动作，使其在某个交叉点接触，完成接续，因此被命名为纵横制交换机。后期的选择器虽然使用了专门设计的电磁继电器来构成接线矩阵，但"纵横"一词却一直被沿用下来。步进制和纵横制电话交换系统通常又被称为机电式电话交换系统。

随着电子技术的发展，特别是半导体技术的迅速发展，人们将电子技术引入交换机内，交换技术迎来了第二次革命性的变革，这种以电子技术为基本控制手段的交换机称做电子式交换机。如今家里的固定电话和企业里的内部交换机大多使用的就是这种交换机。

程控交换机的交换系统利用预先编制好的计算机程序来控制整个交换系统的运行，并用逻辑电路控制整个系统的运行。

　　程控交换机又分为模拟程控交换机和数字程控交换机。这类程控交换机的最大特点是由存放在存储器中的程序来控制交换网络的接续，即所谓的软件控制。在话路系统中采用了速度较快的接线器，并设置了扫描器和驱动器。扫描器可以实现将话路的状态信息提供给中央处理机，驱动器可以实现将中央处理机处理结果输出，信息一入一出，最后实现控制话路系统的硬件动作。这种交换机与纵横制交换机相比，沿用了纵横制交换机的话路系统交换方式，改变了纵横制交换机机械控制的方式，而将此功能转给软件完成，使电路简化。

　　早期的程控交换机所交换的信息是模拟信号，因而这一类交换机被称做模拟程控交换机，其标志事件是 1965 年美国研制和开通了第一部模拟程控交换机。后来，随着 PCM（脉冲编码调制）传输技术的发展，交换的信息由模拟信号变成数字信号。与此相对应，模拟程控交换机逐步被数字程控交换机所替代，其标志事件是 1970 年法国开通了第一部数字程控交换机，首次在交换系统中采用了时分复用技术，使数字信号直接通过交换网络，实现了传输和交换一体化，为向综合业务数字网发展铺平了道路。

　　不同阶段的电话交换机简介见表 1 - 1。

表 1 - 1　不同阶段的电话交换机简介

种　类	年代	特　点
人工交换机	1878	借助话务员进行电话接续，效率低，容量受限
步进制交换机（模拟交换）	1891	交换机进入自动接续时代。系统设备全部由电磁器件构成，靠机械动作完成"直接控制"接续。接线器的机械磨损严重，可靠性差，寿命低
纵横制交换机（模拟交换）	1919	系统设备仍然全部由电磁器件构成，靠机械动作完成"间接控制"接续。接线器的制造工艺有了很大改进，部分地解决了步进制的问题
空分式模拟程控交换机	1965	交换机进入电子计算化时代。软件程序控制完成电话接续，所交换的信号是模拟信号，交换网络采用空分技术
时分式数字程控交换机	1970	交换技术从传统的模拟信号交换进入了数字信号交换时代，在交换网络中采用了时分技术

　　数字程控交换机具有明显的优越性，自第一部数字程控交换机诞生之日起，不到 10 年，就得到了很大的发展。许多发达国家都投入了大量的人力和物力竞相开发、完善和更新这种交换机。现在的数字交换机，不仅能进行话音业务通信，还能进行许多非话音业务通信。

1.1.3　交换方式

　　交换方式一般分为电路交换、报文交换和分组交换，分别用于实现信息的交换。下面对电路交换、报文交换和分组交换技术做详细介绍。

1. 电路交换（Circuit Switching）

呼叫双方在通话之前，先由交换设备在两者之间建立一条专用电路，并在整个通话期间独占这条电路，直到通话结束再将这条电路释放，这种交换方式被称为电路交换。电路交换的通信过程分为电路建立、通话和电路拆除 3 个阶段。在通话前，必须建立起点到点的电路连接，在此阶段交换机根据用户的呼叫请求，通过呼叫信令为用户分配固定位置、恒定带宽（通常是 64kb/s）的电路，完成逐个节点的接续，建立起一条端到端的通信电路。到了通话阶段，交换机对经过数字化的话音信号信息不存储、不分析、不处理，不进行任何干预，也没有任何差错控制的措施，仅在已建立的端到端的直通电路上透明地完成传送。通信结束时，将电路拆除，释放节点和信道资源。

我们可以通过打一次电话来体验这种交换方式。打电话时，首先是摘机拨号，拨号完毕，交换机就知道了我们要和谁通话，并建立连接，这就完成了电路建立阶段；双方在通话时，话音信号就在已经建立的电路上进行独占带宽不受控制的透明传输，此阶段即通话阶段；等一方挂机后，交换机就把双方的线路断开，此刻即完成电路拆除。

在电路交换中，每个用户占有的信道是周期性分配的，周期的时长固定为 125 μs。电路交换的优点是实时性好、传输时延很小，特别适合像话音通信之类的实时通信场合。其缺点是建立物理通路的时间较长（以秒为单位），且电路资源被通信双方独占，话路接通后，即使无消息传送，也需要占用电路，电路利用率低，不适合于突发性强的数据通信。因为电路交换要求通信双方在消息传输、编码格式、同步方式、通信协议等方面完全兼容，所以不同类型和特性的用户终端之间不能互通。

2. 报文交换（Message Switching）

报文交换又被称为消息交换，用于交换电报、信函、文本文件等报文消息，这种交换的基础是存储转发（SAF）。在这种交换方式中，发方不需要先建立电路，不管收方是否空闲，可随时直接向所在的交换局发送消息。交换机将收到的消息报文先存储于缓冲器的队列中，然后根据报文头中的地址信息计算出路由，确定输出线路，一旦输出线路空闲，即将存储的消息转发出去。电信网中的各中间节点的交换设备均采用此种方式进行报文的接收、存储和转发，直至报文到达目的地。应当指出的是，在报文交换网中，一条报文所经由的网内路径只有一条，但相同的源点和目的点间传送的不同报文可能会经由不同的网内路径，如图 1-4(a) 所示。

报文交换的通信过程分为 4 个阶段：接收和存储报文→处理机加工处理（给报文加上报头符号和报尾符号）→将报文送到输出队列上排队→输出线路空闲时发送报文。例如，A 用户向 B 用户发送信息，A 用户不需要接通 B 用户之间的电路，而只需要与交换机接通，由交换机暂时把 A 用户要发送的报文接收并存储起来，交换机根据报文中提供的 B 用户的地址在交换网中确定路由，并将报文送到下一个交换机，最后送到终端用户 B。

报文交换不需要先建立电路，不必等待收方空闲，发方就可实时发出消息，因此电路利用率高，而且各中间节点交换机还可进行速率和代码转换，同一报文可转发至多个收信站点，如图 1-4(b) 所示。采用报文交换方式的交换机需配备容量足够大的存储器，并具有高速的处理能力，网络中传输时延较大，且时延不确定，因此这种交换方式只适合于数据传输，不适合实时交互通信，如话音通信等。

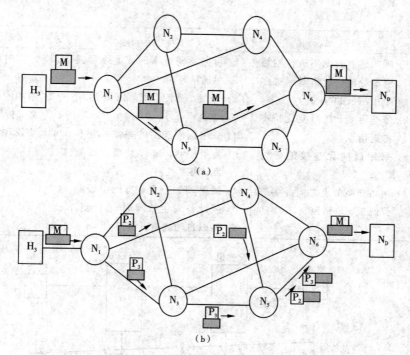

图 1-4 两种以 SAF 为基础的交换方式

3. 分组交换(Packet Switching)

在分组交换中,消息被划分为一定长度的数据分组,每个分组通常包含数百至数千比特,将该分组数据加上地址和适当的控制信息等送往分组交换机。与报文交换一样,在分组交换中,分组也采用存储转发技术。两者不同之处在于,分组长度通常比报文长度要短小得多。在交换网中,同一报文的各个分组可能经过不同的路径到达终点,由于中间节点的存储时延不一样,各分组到达终点的先后与源节点发出的顺序可能不同。因此目的节点收齐分组后尚需排序、解包等过程才能将正确的数据送给用户,如图 1-4(b)所示。在报文交换和分组交换中,均分别采用差错控制技术来应付数据在通过网络中可能遭受的干扰或其他损伤。

分组交换的优点是可高速传输数据,实时性比报文交换的好,能实现交互通信(包括话音通信),电路利用率高,传输时延比报文交换时延小得多,而且所需的存储器容量也比后者小得多。分组交换的缺点是节点交换机的处理过程复杂。

电路交换、报文交换和分组交换的区别如图 1-5 所示。电路交换和分组交换的特点、优点及缺点归纳见表 1-2。

表 1-2 电路交换和分组交换的特点、优点及缺点归纳

交换技术	特 点	优 点	缺 点
电路交换	(1) 呼叫建立时刻进行网络资源分配 (2) 通信过程中执行端到端协议,数据透明传输 (3) 采用同步时分复用技术,带宽固定分配	(1) 信息交换的时延小 (2) 对话音信息控制简单,当电路接通之后,交换机的控制电路不再干预消息的传输	(1) 通路的建立时间长 (2) 宽带利用率低 (3) 不同类型和特性的用户终端不能互通

交换技术	特 点	优 点	缺 点
分组交换	(1) 呼叫建立时刻不进行网络资源分配，电路资源被多个用户所共享 (2) 带宽可变，用可变比特率传送信息 (3) 采用面向无连接的传输方式 (4) 网络交换节点之间需要进行流量、差错控制	(1) 可向不同速率的数据终端提供通信环境 (2) 带宽统计复用，信道利用率高 (3) 采用逐段链路的差错控制和流量控制，出现差错可以重发，可靠性高 (4) 线路动态分配，当网中线路或设备发生故障时，"分组"可以自动地避开故障点	(1) 对实时性业务支持不好 (2) 附加的控制信息较多，传输速率较低 (3) 协议和控制复杂

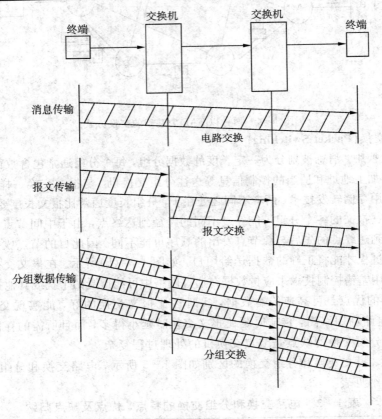

图 1-5　电路交换、报文交换和分组交换的区别

电路交换是面向连接的交换；报文交换和分组交换是面向非连接的交换。

面向连接是指两个用户之间的通信信息沿着预先建立的通路传输，必须要经过建立连接、传输数据和释放连接这 3 个阶段。

面向非连接是指依靠路由来完成选路工作，只需要传送数据这一个阶段即可。

1.2 电话网的结构

现代社会有两大基础设施：交通运输网和电信网（Telecommunication Network）。如果把社会比作人，则交通运输网就好比人的血液循环系统，而电信网则好比人的神经系统。在社会信息化发展的过程中，电信基础设施的建设显得尤其重要。

1.2.1 电信网

电信网是指终端设备和业务提供点经过传输设备连接到交换机而构成的网络。其中，交换机实现了电信网的信息交换功能，交换系统的发展影响着电信网的发展，尤其是电信业务的发展。随着通信技术的发展和通信业务的增加，电话通信网的类型和结构也在发生变化。目前，我国通信网的数字化进程已基本完成，初步建立了一个现代通信网，并正在向综合化、宽带化、智能化、个人化的方向发展。

1. 电信网的构成要素

电信网的构成要素包括终端设备、传输系统、交换系统以及实现互联互通的信令协议，即一个完整的通信网包含硬件和软件两部分。

电信网的硬件一般由终端设备、传输设备和交换设备组成。

（1）终端设备。终端设备的主要功能是把待传送的信息与适合在信道上传送的信号进行转换。将用户要发送的信息转变为适合在相关电信业务网传送的电磁信号、数据包等，或反之，将从通信网络中收到的电磁信号、符号、数据包等转变为用户可识别的信息。对应不同的电信业务有不同的终端设备，如电话业务的终端设备就是电话机，数据通信的终端设备就是计算机等。

（2）传输设备。传输设备是传输媒介的总称，它是电信网中的连接设备，是信息和信号的传输通路。如市内电话网的用户端电缆，局间中继设备和长途传输网的数字微波系统、卫星系统以及光纤系统等。

（3）交换设备。如果说传输设备是电信网络的神经系统，那么交换系统就是各个神经的中枢，它为信源和信宿之间架设通信的桥梁。其基本功能是根据地址信息进行网内链路的连接，以使电信网中的所有终端能建立信号通路，实现任意通信双方的信号交换。对于不同的电信业务，交换系统的性能要求不同，例如对电话业务网，交换系统的要求是话音信号的传输时延应尽量小，因此，目前电话业务网的交换系统主要采用直接接续通话电路的电路交换设备。交换系统除电路交换设备外，还有适合于其他业务网的报文交换设备和分组交换设备等。

终端设备一般置于用户处，故将终端设备与交换设备之间的连接线称为用户线，而将交换设备与交换设备的连接线称为中继线。有了终端设备电话机、交换设备交换机和用于连接用户话机和交换机的用户线及连接交换机和交换机的中继线，就构成了最简单的电信网。交换机之间的通信如图 1-6 所示。

当终端用户分布的地域较广时，可设置多个交换机（如市话分局交换机），每个交换机连接与之较近的终端，且交换机之间互相连接。当终端用户分布的地域更广，多个交换设备之间也不便做到个个相连时，就要引入汇接交换设备（汇接交换机），构成典型的电信网，如图 1-7 所示。

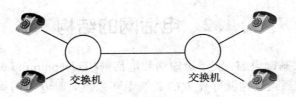

图 1-6　交换机之间的通信

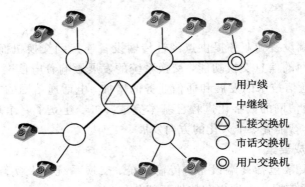

———— 用户线
———— 中继线
△ 汇接交换机
○ 市话交换机
◎ 用户交换机

图 1-7　典型的电信网

　　电信网仅有上述设备往往不能形成一个完善的通信网，还必须包括信令、协议和标准，这就是电信网的软件部分。从某种意义上说，信令是实现网内设备互相联络的依据，协议和标准是构成网络的规则。因为它们可使用户和网络资源之间，以及各交换设备之间有共同的"语言"，通过这些"语言"可使网络合理地运转和正确地控制，从而达到全网互通的目的。由于交换系统的设备承担了所有终端设备的汇接及转接任务，在通信网中成为关键点，因此，在网络的结构图中，常将含交换系统的点称为节点。

　　从逻辑上讲，我们认为电信网由端点、链路、节点以及信令协议构成，如图 1-8 所示。

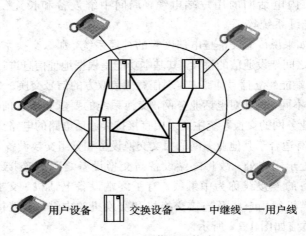

用户设备　　交换设备　————中继线————用户线

图 1-8　电信网的构成

2. 通信网的组成

　　为了实现通信网的正常通信，组成网络的每个部分都扮演着不同的角色。为了便于我们对整个网络的开发、维护和升级，我们把整个电信网按照功能的不同分成多个子网络，其层次模型关系如图 1-9 所示，包括核心交换网、传输承载网以及支撑系统（信令网、同步网）。其中，核心交换网和传输承载网是电信网的基础网，而支撑系统则是电信网的辅助网。目前我国尚未建成这种多层次的综合电信网，但正朝着这个方向发展。

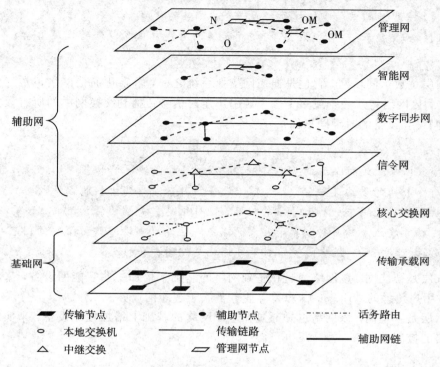

图 1-9 电信网子网络的层次模型关系

下面简单介绍层次模型中各子网的功能。

第一层是传输承载网。传输承载网主要是为了实现数据话音的快速准确传输。传输承载网既可采用 PDH（准同步数字系列）技术，也可采用 SDH（同步数字系列）技术。随着同步数字系列（SDH）的推广应用，传输承载网正越来越多地采用 SDH 传输系统。

PDH 和 SDH

在数字传输系统中有两种数字传输系列：一种叫"准同步数字系列"（Plesiochronous Digital Hierarchy），简称 PDH；另一种叫"同步数字系列"（Synchronous Digital Hierarchy），简称 SDH。在以往的电信网中，多使用 PDH 设备，这类设备适应于传统的点到点通信。随着数字通信的迅速发展，点到点的传输方式越来越少，大部分数字传输都要经过转接，PDH 不能适应现代电信网发展的需要，而 SDH 就是适应这种新的需要而出现的传输体系。

第二层是核心交换网。它由交换机组成，完成数据和话音的交换。根据所在交换位置的不同，这些交换机通常被称为国际局交换机、长途端局交换机、长途局交换机、市话汇接局交换机、市话端局交换机、远端模块、远端用户单元和用户交换机等。

第三层是信令网。它是通信网支撑系统之一，是控制传输信令的通道，实现了信令的可靠传输。

信　令

　　在网络中传输着各种信号，其中一部分是我们需要的（如打电话的话音、上网的数据包等），而另外一部分是我们不需要的（或者说不是直接需要的），它是用来专门控制电路的，这一类型的信号我们就称之为信令，信令的传输需要一个信令网。信令就是通信设备（包括用户终端、交换设备等）之间传递的除用户信息以外的控制信号，而信令网就是传输这些控制信号的网络。

　　第四层是数字同步网。它也是通信网支撑系统之一，数字化通信网络正常工作的关键就是同步，该网络将从一个或多个参考源引出定时信号传播到交换网中的所有数字交换机中，保证网络各设备的时钟同步。

同　步

　　同步是数字化通信网络的基本需求。同步的目的是使通信网内运行的所有数字设备工作在一个相同的平均速率上。如果发送设备的时钟频率快于接收设备的时钟频率，接收端就会周期性地丢失一些送给它的信息，这种信息丢失称为漏读滑动；如果接收端的时钟频率快于发送端的时钟频率，接收端就会周期性地重读一些送给它的信息，这种信息重读称为重读滑动。网络同步的基本目标就是控制滑动的发生。

　　第五层是智能网。该网络通过在基础网络的基础上增加一些智能网设备，来实现智能网业务，用户熟悉的 201、300、彩铃等业务都属于智能网业务。

　　第六层是管理网。该网络也是通过在基础网络的基础上增加控制设备，来实现对整个电信网络的控制管理。

1.2.2　电话网

　　电话网目前主要有固定电话网、移动电话网和 IP 电话网三种，这里主要讲述固定电话网，即公用电话交换网（Public Switched Telephone Network，PSTN）。电信机房的交换机一层一层互连起来，构成了全国乃至全球范围内庞大的电话交换机网——PSTN 网。PSTN 网采用电路交换方式，其节点交换设备是数字程控交换机，另外还包括传输设备及终端设备。为了使全网协调工作还有各种标准和协议。

　　专家们把电话交换网络的各种交换机分为几种类型：C1、C2、C3、C4、C5。每种交换机放在交换网中不同的位置，并赋予不同使命，C 是"class"类的意思。由于每个国家的人口数量、经济发展情况不同，C1 到 C5 的分布情况也不相同，因此就构成了不同的等级结构。

1. 电话网的等级结构

　　网络的等级结构是指对网络中各交换中心的一种安排。电话网的基本结构形式可以分为无级网和等级网两种。

　　无级网是指每个交换中心都处于相同的等级，完全平等，各交换中心采用网状网或不完全网状网相连，而在等级网中每个交换中心被赋予一定的等级，不同等级的交换中心采用不同的连接方式。一般情况下本地交换中心位于较低等级，而转接交换中心和长途交换中心位于较高等级，除了最高等级的交换中心以外，每个交换中心必须连接到比它高的等级交换中心，形成多级汇接辐射网即星型网，而最高等级的交换中心间则直接相连，形成网状网。

　　等级结构的电话网一般是复合型网，级数的选择以及交换中心位置的设置需要综合考虑相关因素：主要有各交换中心之间的话务流量、流向；全网的服务质量，例如接通率、接续时延、传输质量、可靠性等；全网的经济性，即网的总费用问题、交换设备和传输设备的费用比以及运营管理因素等；还应考虑国家的幅员，各地区的地理状况，政治、经济条件以及地区之间的联系程度等因素。

2. 我国电话网结构

我国电话网目前采用等级制，并逐步向无级网发展。电话网主要分为长途网和本地网两部分。

1）四级长途网络结构存在的问题

原邮电部规定我国电话网的网络等级分为五级，包括长途网和本地网两部分。长途网由大区中心 C1、省中心 C2、地区中心 C3、县中心 C4 等 4 级长途交换中心组成，本地网由第五级交换中心即端局 C5 和汇接局 T_m 组成。

这种五级等级结构的电话网在网络发展的初级阶段是可行的，它在电话网由人工向自动、模拟向数字的过渡中起过较好的作用，然而由于经济的发展，非纵向话务流量日趋增多，新技术、新业务层出不穷，这种多级网络结构存在的问题日益明显，主要表现在：转接段数多、时延长、传输损耗大、接通率低。此外，从全网的网络管理、维护运行来看，区域网络划分越小，交换等级数量越多，网管工作过于复杂，也不利于新业务网（如移动电话网、无线寻呼网）的发展。

2）长途两级网的等级结构

随着 C1、C2 间话务量的增加，C1、C2 间直达电路增多，从而使 C1 局的转接作用减弱，当所有省会城市之间均有直达电路相连时，C1 的转接作用完全消失，因此，C1、C2 局可以合并为一级，同时全国范围的地区扩大本地网已经形成，即以 C3 为中心形成扩大本地网，因此 C4 的长途作用也已消失。目前我国长途电话网已由四级转变为两级。

长途两级网的等级结构如图 1-10 所示。长途两级网将国内长途交换中心分为两个等级，省级（包括直辖市）交换中心以 DC1 表示；地（市）级交换中心以 DC2 表示。DC1 构成长途两级网的高平面网（省际平面）；DC2 构成长途网的低平面网（省内平面）。DC1 以网状网相互连接，与本省各地市的 DC2 以星形方式连接；本省各地市的 DC2 之间以网状或不完全网状相连，同时以一定数量的直达电路与非本省的交换中心相连。

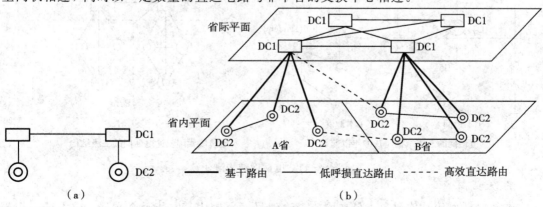

图 1-10　长途两级网的等级结构

(a)基干结构　(b)实际结构

以上各级交换中心为汇接局,汇接局负责汇接的范围称为汇接区。全网以省级交换中心为汇接局,分为 31 个省(直辖市、自治区等)汇接区。DC1 的职能主要是汇接所在省的省际长途来去话务,以及所在本地网的长途终端话务。DC2 的职能主要是汇接所在本地网的长途终端来去话务。DC1 可以兼有本交换区内一个或若干个 DC2 的功能,疏通相应的终端长途电话业务。本地网汇接局的职能是汇接本地网端局之间的话务,也可以汇接本地网端局或关口局与长话局之间的长话中继话务。本地网端局的职能是疏通本局用户的终端话务,汇接局可以兼有端局功能。不同运营商网间互通的关口局的职能是疏通不同运营商网间的话务,它也可以兼有端局或汇接局功能。

如今,我国国内电话网基本上是三级交换的网路结构组织,即全国设若干个一级长途交换区,每个长途交换区设一级长途交换中心 DC1;每个一级长途交换区划分为一个或若干个二级长途交换区,每个二级长途交换区设二级长途交换中心 DC2;每个二级长途交换区划分为一个或几个本地网,本地网可以设置汇接局和端局两个等级的交换中心,也可只设置一个等级的交换中心。

现阶段交换区根据网络规模、业务量流量流向,考虑网络安全,按技术经济的原则划分为长途交换区和本地网范围。一个省、直辖市或自治区的范围不宜划分为一个以上的一级长途交换区,一个地市级的区域范围不宜划分为一个以上的本地网。国际和国内长途来话呼叫应能到达本地网内的每个用户。

今后,我国的电话网将进一步形成由一级长途网和本地网所组成的二级网络,实现长途无级网。这样,我国的电话网将由 3 个层面(长途电话网平面、本地电话网平面和用户接入网平面)组成,电话网结构演变如图 1-11 所示。

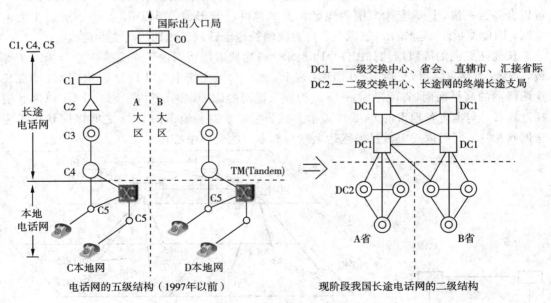

图 1-11　电话网结构演变

3)本地网

本地电话网简称本地网,是在同一长途编号区范围内,由若干个端局,或由若干个端局和汇接局及局间中继线、用户线和话机终端等组成的电话网。本地网用来疏通本长途编号区范围内任何两个用户间的电话呼叫、长途发话和来话业务。

　　(1) 本地网的类型。自 20 世纪 90 年代中期，我国开始组建以地(市)级以上城市为中心的扩大的本地网，这种扩大的本地网的特点是：城市周围的郊县与城市划在同一长途编号区内，其话务量集中流向中心城市。扩大的本地网类型有两种：

　　① 特大城市和大城市本地网：它是以特大城市或大城市为中心，包括其所管辖的郊县共同组成的本地网。省会、直辖市及一些经济发达的城市组建的本地网就是这种类型。

　　② 中等城市本地网：它是以中等城市为中心，包括其所管辖的郊县(市)共同组成的本地网。

　　(2) 本地网的交换中心及职能。本地网内可设置端局和汇接局，端局通过用户线与用户相连，它的职能是负责疏通本局用户的发话和来话话务。根据服务范围的不同，可以有市话端局、县城端局、卫星城镇端局和农话端局等。汇接局与所管辖的端局相连，以疏通这些端局之间的话务；汇接局还与其他汇接局相连，以疏通不同汇接区端局之间的话务；根据需要，汇接局还可与长途交换中心相连，用来疏通本汇接区内的长途转话话务。汇接局包括市话汇接局、市郊汇接局、郊区汇接局和农话汇接局等几种类型。

　　在本地网中用户相对集中的地方，可设置一个隶属于端局的支局，经用户线与用户相连，但其中继线只有一个方向，即到所隶属的端局，用来疏通本支局用户的发话和来话话务。

　　(3) 本地网的网络结构。由于各中心城市的行政地位、经济发展及人口的不同，扩大的本地网交换设备容量和网络规模相差很大，所以网络结构分为以下两种：

　　① 网状网：网状网中所有端局各个相连，端局之间设立直达电路，如图 1-12 所示，这种网络结构适用于本地网内交换局数目不太多的情况。

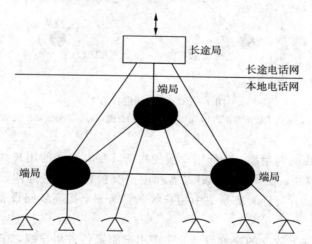

图 1-12　本地电话网的网状网结构

　　本地网若采用网状网，其电话交换局之间是通过中继线相连的。中继线是公用的、利用率较高的电路群，它所通过的话务量也比较大，因此提高了网络效率，降低了线路成本。当交换局数量较多时，仍采用上面所说的网状结构，则局间中继线就会急剧增加，这是不能接受的，因而采用分区汇接制，把电话网划分为若干个汇接区，在汇接区内设置汇接局，下设若干个端局，端局通过汇接局汇接，构成二级本地电话网。

　　② 二级网：二级网根据不同的汇接方式，可分为去话汇接、来话汇接、来去话汇接等。

　　• 去话汇接：如图 1-13(a)所示，图中有两个汇接区(汇接区 1 和汇接区 2)，每区有一个去话汇接局和若干个端局，汇接局除了汇接本区内各端局之间的话务外，还汇接别的汇接区的话务，即 T_m，还与其他汇接区的端局相连，本汇接区的端局之间也可以有直达路由。

· 来话汇接：来话汇接基本概念如图 1-13(b)所示，汇接局 T_m 除了汇接本区话务外，还汇接从其他汇接区发送过来的来话呼叫，本汇接区内端局之间也可以有直达路由。

· 来去话汇接：如图 1-13(c)所示，除了汇接本区话务外，还汇接至其他汇接区的去话，也汇接从其他汇接区发送来的话务。

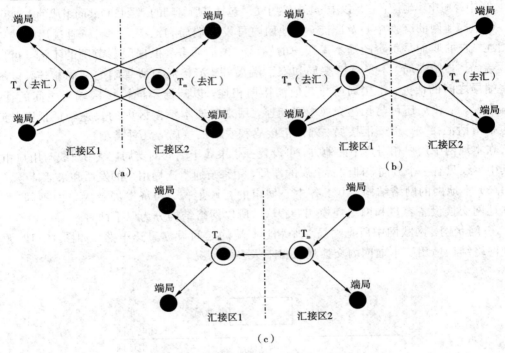

图 1-13　本地网汇接方式

(a) T_m 去话汇接示意图；(b) T_m 来话汇接示意图；(c) T_m 来去话汇接示意图

4）远端模块

为了提高用户线的利用率，降低用户线的投资，在本地网的用户线上采用了一些延伸设备。它们有远端模块、支局、用户集线器和用户交换机。这些延伸设备一般装在离交换局较远的用户集中区，其目的都是集中用户线的话务量，提高线路设备的利用率和降低线路设备的成本。

远端模块是一种半独立的交换设备，它在用户侧接各种用户线，在交换机侧通过 PCM 中继线和交换局相连。同一模块内用户通信可以在模块内自行交换，其他的呼叫通过局交换。支局就是把端局的一部分设备，装到离端局较远的用户集中点去，以达到缩短用户线的目的。

1.3　复用技术及 PCM 帧结构

我们发明了电话，建立了通信网来实现话音的传送，完成人与人之间无地域限制的信息交流。在进行交流时，人发出的声音信息通过电话传送需要经过一个漫长的过程。这里的漫长不是指每个信号传送到对方的时间长（这个时间一般都以"ms"来计算），而是指传送到对方的整个过程复杂，需要经过一系列转换、传输和交换，为了提高传输速率还需要采用复用技术。

1.3.1　复用技术

如果我们给每一个用户都分配一个物理通道，就好像我们给学校里的每个学生都准备一个食堂的位置一样，大家终于不用等位置了，但是难以想象这个食堂有多大。这是巨大的浪费，也是不合理的。同样对于物理通道也是一样，如果一个物理通道上只能固定地传送一路信号，这将是极大的浪费。实际情况是我们需要在一根线上传送多路信号，让多个用户在不同的时间使用一个物理通道，从而提高线路（物理通道）的利用率，这就要使用在一个信道上同时传输多路独立信号的多路复用技术。

多路复用技术的出现提高了资源利用率，降低了通信网中硬件资源的成本。复用技术已广泛地应用于电子工程领域，特别是现代电信和计算机领域。许多信号不但可以被复用在长度不到 1 m 的信道上传输，如在计算机的数据总线和控制总线中，也可以经复用后沿长达几千 km 的距离传输，如两个国际电话交换机间的路由。现在大容量远程传输系统和大容量的交换系统中，都会采用复用方式。有线通信中的多路复用技术主要有频分复用和时分复用。数字程控交换机采用时分复用（TDM）技术。

1. 时分复用

时分复用利用一个高速开关电路（抽样器），使各路信号在时间上按一定顺序轮流接通，以保证任一瞬间最多只有一路信号接在公共信道上。具体地说，就是利用时钟脉冲把信道按时间分成均匀的间隔，每一路信号的传输被分配在不同的时间间隔内进行，以达到互相分开的目的，这个时间间隔称为时隙。

图 1-14 为 4 个低速用户信号（称为支路信号）共享一条高速传输线的时分多路复用系统图。TDM 复用器将一个时间周期进行划分，给每个用户分配一个固定的时隙。无论何时，每个用户只能在分配给它的时隙内发送信息。如果一个用户无信息发送，他的时隙就会处于空闲状态，别人不能加以利用。

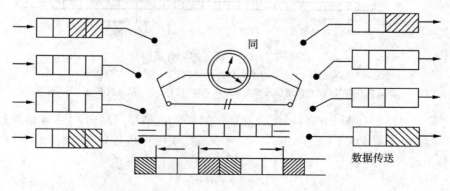

图 1-14　4 路信号复用过程示意图

就 PCM 时分制而言，就是把抽样周期 125 μs 分割成多个时间小段，以供各个话路占用，每路占用的时间小段为 125/n。显然，路数越多，时间小段将越小。图 1-15 形象地说明了 PCM 信号进行时分复用的具体过程。

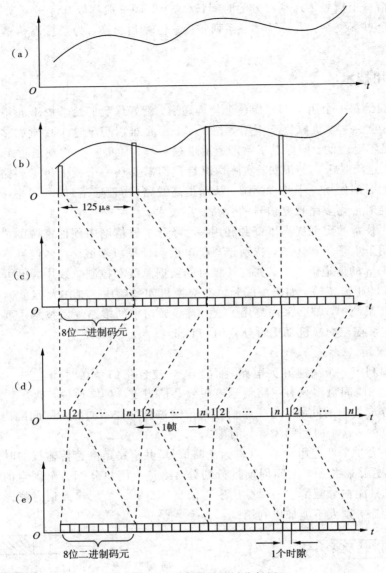

图 1 - 15　PCM 信号的时分复用

(a) 原始模拟话音信号；(b) 抽样后形成的 PAM 信号；(c) 基带 PCM 编码信号；

(d) 多路基带 PCM 信号调制后形成的 TDM PCM 信号；(e) 第 2 路基带 PCM 信号

比较图 1 - 15(b) 和图 1 - 15(e) 可以发现，在 125 μs 抽样周期内，PAM 信道每传送一个抽样值，对应基带 PCM 传送 8 bit，而 TDM PCM 则可以传输 $n \times 8$ bit。因此，TDM PCM 信号的码元速率为

$$R_1 = n \times 64 (\text{b/s})$$

我们知道，每路信号经 PCM 调制后，都是以 8 bit 抽样值为一个信号单元传送的，每个 8 bit 所占据的时间为 1 个"时隙"(Time Slot，TS)，n 个时隙就构成了一个帧。因此，一路基带 PCM 在 TDM PCM 周期中每帧占有 1 个时隙，如图 1 - 16 所示。

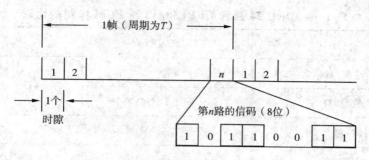

图 1-16　帧与时隙的关系图

2. 频分复用与时分复用对比

时分复用是将信道的传输时间划分成若干个时隙，每个被传输的信号独立占用其中的一个时隙，各路信号轮流在自己的时隙内完成传输，如图 1-17 所示的信道 1、信道 2、…、信道 n。

频分复用（FDM）指把传输信道的总带宽划分成若干个子频段，如图 1-18 所示的信道 1、信道 2、…、信道 n。每个子频段可作为一个独立的传输信道使用，每个用户所占用的仅仅是其中的一个子频段。

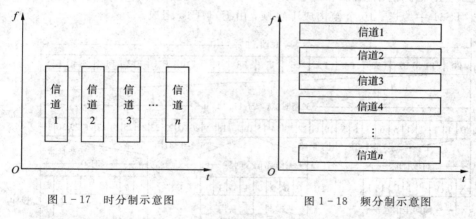

图 1-17　时分制示意图　　　　　　图 1-18　频分制示意图

对比频分复用和时分复用，频分复用是按频率划分信道的，而时分复用是按时间划分信道的；频分复用在同一时间传送多路信息，而时分复用在同一时间只传送一路信息；频分复用的多路信息是并行传输的，而时分复用的多路信息是串行传输的。

1.3.2　PCM 帧结构

PCM 信号进行时分多路复用，将 125 μs 这一帧的时间划分为许多个时隙来安排复用的话路，有多少路话音信号，就划分多少个时隙。

目前国际上有两种 PCM 体制：一种是 24 路 PCM（$n=24$），由贝尔（Bell）公司提出，主要在北美各国和日本采用；另一种是 30/32 路 PCM（$n=32$），由欧洲邮电管理协会（CEPT）提出，主要在欧洲各国和中国采用。这两种体制均已被 CCITT 采纳为正式标准。两种 PCM 体制的比较见表 1-4。

表 1 - 4　Bell 24 路和 CEPT30/32 路 PCM 体制的比较

项　目	CEPT30/32 路	Bell 24 路
抽样速率/Hz	8000	8000
比特数/抽样	8	8
时隙/帧	32	24
PCM 话路/帧	30	24
输出比特速率(b/s)	2048	1544

本书后面提到的 PCM 帧结构均指 CEPT 系统。在 CEPT 系统中，PCM 一次群信号为 32 路复用。

1. 30/32 路一次群帧结构

30/32 路一次群帧结构如图 1 - 19 所示。

在图 1 - 19 所示的 30/32 路一次群帧结构中，1 帧由 32 个时隙组成，编号为 TS0～TS31。第 1～15 话路的消息码组依次在 TS1～TS15 中传送，而第 16～30 话路的消息依次在 TS17～TS31 中传送。16 个帧构成 1 复帧，由 F0～F15 组成。

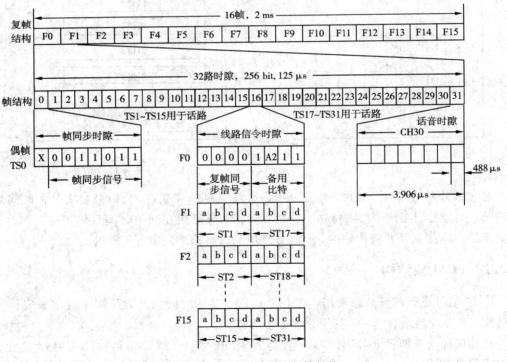

图 1 - 19　30/32 路一次群帧结构

TS0 用来做"帧同步"工作，而 TS16 则用来做"复帧同步"工作或传送各话路的标志信号码(信令码)。

"帧同步"和"复帧同步"的工作意义是控制收、发两端数字设备同步工作。对于偶数帧

（F0，F2，F4，…），TS0 被固定地设置为 10011011，第 1 位码没有利用，暂定为"1"，后 7 位码"0011011"为帧同步字。帧同步字在偶数帧到来时，由发送端数字设备向接收端数字设备传送。

对于奇数帧（F1，F3，F5，…），TS0 的第 3 位码为帧失步告警码。在消息传送过程中，当接收端的帧同步检测电路在预定时刻检测到输入序列中与同步字（0011011）相匹配的信号段时，便认为捕捉到了帧同步字，说明接收信号正常，此时由奇数帧 TS0 向发送端数字设备传送的第 3 位码为"0"；如果接收端帧同步检测电路不能在预定时刻收到同步字（0011011），就认为系统失步，由奇数帧 TS0 向发送端数字设备传送第 3 位码为"1"，通知对端局，本端接收信号已失步，需处理故障。

为可靠起见，在实际工作中，接收端的帧同步检测电路需连续多次在所期望的时刻（即每 250 μs）收到同步字，才可确认系统进入了同步状态。这样做的目的是避免把消息中与同步字相同的序列段误认为是同步字。

奇数帧 TS0 的第 1 位码同样没有利用，暂定为"1"。第 2 位码为监视码，固定为"1"，用于区分奇数帧和偶数帧，以便接收端把偶数帧和奇数帧区分开来（偶数帧 TS0 的第 2 位码固定为"0"）。奇数帧 TS0 的第 4～8 位码用来传送其他信息，在未利用的情况下，暂定为"1"。

在 F0 的 TS16 的 8 位码中，前 4 位码为复帧同步码，编码为"0000"。第 6 位码为复帧失步告警码，与帧失步告警码一样，复帧同步工作时这一位码为"0"，失步时为"1"。

F1～F15 的 TS16 用以传送第 1～30 话路的标志信号。由于标志信号的频率成分远没有话音的频率成分丰富，用 4 位码传送一个话路的标志信号就足够了。因此，每个 TS16 又分为前 4 bit 和后 4 bit 两部分，前 4 bit 用来传送一个话路的标志信号，后 4 bit 用来传送另一话路的标志信号。具体规定是在 1 复帧中。

F1 中 TS16 的前 4 bit 用来传送第 1 话路的标志信号；

F2 中 TS16 的前 4 bit 用来传送第 2 话路的标志信号；

F3 中 TS16 的前 4 bit 用来传送第 3 话路的标志信号；

F15 中 TS16 的前 4 bit 用来传送第 15 话路的标志信号；

F1 中 TS16 的后 4 bit 用来传送第 16 话路的标志信号；

F2 中 TS16 的后 4 bit 用来传送第 17 话路的标志信号；

F3 中 TS16 的后 4 bit 用来传送第 18 话路的标志信号；

F15 中 TS16 的后 4 bit 用来传送第 30 话路的标志信号。

例如，某用户摘机后占用第 7 条话路，那么，为其传送话音信号的时隙是 TS7，而为其传送控制信号的时隙则应是 F7 中的 TS16 的前 4 bit。

通过对 30/32 路一次群帧结构的认识，我们不难理解，一路基带 PCM 信号一旦占用了一次群中的某个时隙，它随后所有的 8 位编码抽样都将位于该时隙。因此，对于 64 kb/s 的基带 PCM 信号而言，一次群系统等价于提供了 32 条独立的 64 kb/s 信道，故 30/32 路一次群的位速率为：$R = 32 \times 64\,000 = 2048$ kb/s。

2. 数字复用 PCM 高次群

目前 PCM 通信技术发展很快，应用很广泛，上述 PCM 一次群的容量和速率已远远不能满足通信要求。为了扩大信号传输的速率和交换容量，提高信道利用率，引入了数字复用高次群的概念。

高次群由若干个低次群通过数字复接设备复用而成，如图 1-20 所示。

由图 1-20 可知，PCM 系统的二次群由 4 个一次群复用而成，速率为 8.448 Mb/s，话路数为 4×30＝120 话路；三次群由 4 个二次群复用而成，速率为 34.386 Mb/s，话路数为 4×120＝480 话路；四次群由 4 个三次群复用而成，速率为 139.264 Mb/s，话路数为 4×480＝1920 话路；五次群则由 4 个四次群复用而成，速率为 564.992 Mb/s，话路数为 4×1920＝7680 话路。

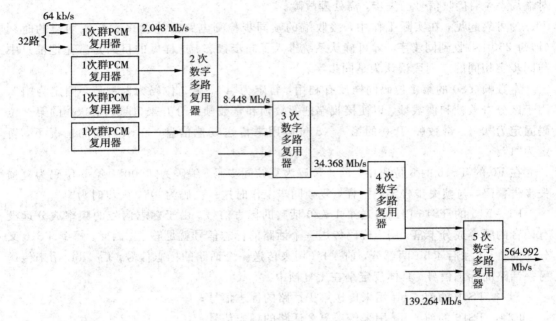

图 1-20　PCM 高次群的形成

数字复用时，由于要加入同步调整比特，因此高次群的传输码率并不是低次群的 4 倍，而是要比它的 4 倍高一些，如二次群复用加入正码速调整比特后，速率应为 4×2112（标准值）＝8448kb/s。

交换机接续常以一次群信号为单位，如果交换机接收到的是其他群次的信号，则必须通过接口电路将它们多路复接（或分接）成一次群，然后进行交换。

3. PCM 终端设备简介

PCM 多路系统终端的功能如图 1-21 所示。图 1-21 中的发端定时设备和收端定时设备用来产生各种定时脉冲，如抽样脉冲，编码、译码用的位脉冲，帧同步脉冲等。定时设备是一个晶体振荡器，它在发送端产生稳定的时钟频率（CP），用这个时钟频率来控制上述各种脉冲，使它们符合要求。为达到接收端与发送端同步，在接收端的再生电路中提取同步信息（或称提取时钟），用此同步信息来控制接收端的定时系统。对于帧同步，接收端在 TS0 识别到同步码（0011011）后才确定第一路从何时开始。

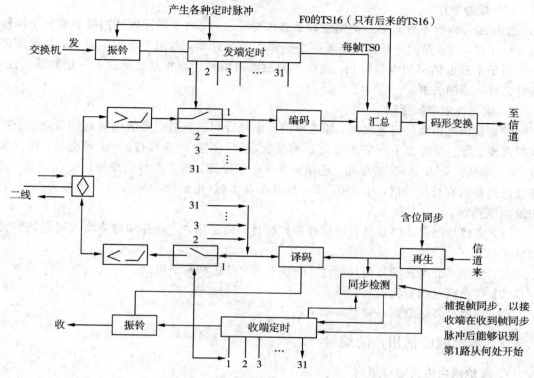

图 1-21　PCM 多路系统终端设备的功能图

位同步和帧同步是数字信号传输的重要特点，要求十分严格。"位同步"是指收、发双方的传输码率必须完全一致，也就是说，收、发双方每位码的传送时间应完全相同。位同步功能通常在再生中继器中实现，由再生中继器提取位同步信号。"帧同步"是指收、发各路要对齐，为此，发送端在发送一帧信号的时间内还要留一定时隙用作发送特定的帧同步脉冲，以便接收端在收到帧同步脉冲后能够识别到第一路从何处开始。帧同步的捕捉由同步检测电路实现。

1.4　编 号 方 式

电话网中规定每一个用户都有一个编号，用来在电信网中选择建立接续路由和作为呼叫的标志。编号规划的目的也在于给每个用户分配一个唯一的号码，并根据网的规模及全国网和国际网的现状及发展安排、使用号码资源。

1.4.1　电话网的编号原则

1. 编号计划内容

通常一个编号计划应包括以下主要内容：

（1）确定编号位长；

（2）确定编号结构，包括是否采用等位编号；

（3）字冠及特种业务号码的分配，新服务项目的操作码及与其他网络互通的接入码；

（4）拨号程序。

上述编号内容不管对哪一类网络都是必须要考虑的，对于国际电话网路需要一个国际的编号计划，对于国内电话网络需要一个全国的编号计划，而对于本地电话网，需要制定一个用于本地电话网的编号计划。这些不同层次的编号计划相互之间既有一定的独立性，同时又有一定的关系。

2. 编号计划编制原则

随着我国电信业的迅速发展，原有电信网编号计划已不适应电信市场竞争和新业务的发展需要。为了保障公平竞争和电信业的长远发展，信息产业部按照"统筹全局、抓住重点、各个突破、逐步推进"的思路，遵循实事求是的原则，既考虑号码使用历史和现状，又兼顾近期需求和长远发展，于 2003 年 4 月发布并实施《电信网编号计划》(2003 年版)，其中编制原则如下：

（1）应使号码资源容量具有延续性和扩展性，满足用户、业务和网络增长对号码资源的需求。

（2）应尽可能保证编号的规律性，以便于用户使用和网络识别。

（3）应提高号码资源的利用率。

（4）应坚持各运营商一律平等的原则。

1.4.2　本地网电话用户的编号

1. 本地网内电话编号原则

（1）在同一本地网内，为了用户使用方便，应尽可能地采用等位编号。对于用户小交换机的分机，在内部呼叫和对外呼叫时，可以使用不等位长的号码。

（2）对 6 位号码或 6 位以下号码的本地网，在特殊情况下(如因交换机陈旧不便升位、临时性电话局等)，可以不强求采用等位编号，而可暂时采用不等位编号，但号长只能差一位。

（3）对 7 位或 8 位号码(PQR(S)ABCD)的本地网，其 PQR(S)这 3 个或 4 个号码应尽量避免相同(如 777ABCD)，以减少错号。

（4）要珍惜号码资源，编号要合理安排，节约使用。如果安排不当，就可能造成网内容量不大的局空占许多号码，号码利用率低；而另外一些容量很大的局，出现没有号码资源的现象。

2. 本地网的编号方案

电话号码 P 位(即首位)的分配。"0"为国内长途电话业务字冠，"00"为国际长途电话业务字冠。首位为"1"的号码作为全国统一使用的号码，按位长不同分为两类：短号码，常用作各种业务的接入码；长号码，用作用户号码和业务用户号码，如移动电话号码、宽带用户号码和信息服务号码等。首位为"2"～"8"的号码主要用作固定本地电话网的用户号码，部分首位为"2"～"8"的号码用作全国和省内智能业务的接入码。首位为"9"的号码用作社会公众服务号码，位长为 5 位或 6 位。95XXX(x)号码是在全国范围统一使用的号码。96XXX(x)号码是在省(自治区、直辖市)区域内统一使用的号码。

1）本地用户号码

本地用户号码由本地端局的局号和用户号两部分组成，具体形式为：PQR(S)＋ABCD，即"局号(1~4位)+局内用户号(4位)"，其中：P≠"0"、"1"、"9"，总位长为7位或8位。局号一般由前3位(或4位)数组成，局内用户号由后4位数组成。例如：7654321就是765局的4321号用户。

2) 本地移动电话编号

本地移动电话编号由移动接入号、HLR识别号和用户号码等3部分组成，具体形式为：$1M_1M_2 + H_0H_1H_2H_3 + ABCD$，即"移动网接入号(3位)+业务区号(4位)+局内用户号(4位)"。

如果固定电话用户呼叫的是固定电话用户，应拨打：PQR(S)ABCD；如果固定电话用户呼叫移动用户，则应拨打：$1M_1M_2H_0H_1H_2H_3ABCD$。

如果移动用户呼叫的是固定电话用户，则根据移动运营商的要求(可能需在被叫的本地电话号码前加拨国内长途字冠"0"和长途区号)，应拨打：(0XY(Z))PQR(S)ABCD。

3) 本地网号码的升位

随着本地网容量的增加，电话号码位数必须增长。一个电话网在什么时候要增加位长，应视该电话网的发展情况而定。比较好的做法是根据预测结果，做好发展规划，按规划阶段安排编号，待到一定时期按照预定计划升位。

常用的加号升位方法有3种：

(1) 在原局号之前加个号码X，例如ABC局变为XABC局；

(2) X插在原局号的中间，例如ABC局变为AXBC局或ABXC局；

(3) 在原局号末尾加X，例如ABC局变为ABCX局。

1.4.3　国内长途电话网的编号

1. 国内长途电话网的编号原则

(1) 编号方案的适应性要强。

(2) 编号方案应尽可能缩短号长，使长途交换机接收、存储、转发的位数较少，换算、识别容易，以节省投资。

(3) 长途编号也应有规律性，让用户使用方便，易于记忆。

(4) 在全国长途自动电话网中只应有一个编号的计划，在任何不同的地点呼叫同一用户都应拨相同的号码。

(5) 国内长途电话编号应符合ITU的建议，使之能进入国际电话网。

2. 国内长途编号方案

我国国内长途电话号码由长途冠号、长途区号和本地网内号码等3部分组成，具体形式为：0 + XY(Z) + PQR(S)ABCD，即"国内长途字冠(0)+国内长途区号(XY(Z))+本地电话号码(PQR(S)ABCD)"。

国内长途区号采用不等位制编号，区号位长分别为2位和3位，长途区号为两位时，用XY表示。例如：10北京，20广州，21上海，22天津，23重庆，24沈阳，25南京，26暂空，27武汉，28成都，29西安。

长途区号为三位时，用XYZ表示，当X=3~9(6除外)，Y为奇数，Z=0~9时，约有300个，分配给大中城市使用。X=6时，60、61留给台湾作为两位区号使用，其余作为三位区号使用。

如果固定电话用户或移动电话用户呼叫固定电话网的用户，则需在被叫的本地电话号码前加拨国内长途字冠"0"和长途区号，其拨打方案为：0XY(Z)PQR(S)ABCD；如果固定电话用户呼叫的是异地移动网用户，则应在移动电话号码前加拨国内长途字冠"0"，其拨打方案为：$1M_1M_2H_0H_1H_2H_3$ABCD；如果移动电话用户呼叫的是异地移动网用户，其拨打方案为：$1M_1M_2H_0H_1H_2H_3$ABCD。

1.4.4　国际长途电话的编号

国际长途呼叫是指发生在不同国家之间的电话通信，需要两个或更多的国家通信网配合完成。ITU-T 建议的国际电话编号方案规定，国际长途全自动号码由国际长途冠号、国家号码和国内号码等 3 部分组成，即 00＋N1(N2N3)＋XY(Z)PQR(S)ABCD，国际长途字冠＋国家号码＋国内长途电话号码。

国际长途字冠是呼叫国际电话的标志，由国内长话局识别后把呼叫接入国际电话网。国际长途冠号由各国自行规定，例如，我国规定为"00"，而比利时规定为"91"，英国规定为"010"；国家号码由 1～3 位号组成，第一位数是国际编号区号码，国家号码的位数分配视各国地域大小和电话用户数目的多少来定，北美的美国、加拿大和墨西哥是统一的电话网，编号区为"1"，独联体各国的国家号码也是 1 位数"7"，在其他编号区内，电话用户数多的国家号码为 2 位数，电话用户数少的国家号码为 3 位数，如我国为 86 号、日本为 81 号，柬埔寨为 855 号。

国家号码规定后，早期 ITU 又对各国提出以下几点要求：

（1）国际长途全自动拨号位长限制在 12 位，由于我国的国家号码是 86，已占用 2 位，因此，国内编号的有效位数最多为 10 位。

（2）电话编号应全部用数字 0～9 表示，不能有字母和数字组合。对于过去有些国家在使用的号码中包括有字母的（如 ABC2345），应改为全部是数字号码才允许进入国际网。

（3）各国的国际长途冠号的首位字，应和国内编号的首位字不同，以免含糊不清。

（4）对能直拨国际电话的用户小交换机分机的号码，应纳入本地电话网内。

根据我国电信网的现状及发展趋势，信息产业部于 2003 年颁布了《电信网码号资源管理办法》。其中要求 PSTN 的国际长途号码最大位长为 15 位（不含长途字冠），目前我国已使用的国际长途号码最大位长为 13 位（86XYZPQRSABCD）。

1.4.5　特种服务电话的编号

特种服务编号是公众特殊服务项目代码。特种服务电话的编号目前分为紧急救助业务号码、运营商客户服务号码和社会公众服务号码。紧急救助业务号码使用的是"1"字头的 3 位短号码，目前使用的有 110、119、120 和 122 共 4 个。运营商客户服务号码使用的是"1"字头的五位短号码，如中国电信使用 10000，中国联通使用 10010，中国网通使用 10060，中国移动使用 10086 等。当然，还有一些"1"字头的 5 位短号码作为特殊业务的接入码。社会公众服务号码一般为"9"字头的 5 位短号码，目前使用的 95XXX 为全国统一使用的号码，96XXX 为省（直辖市、自治区）区域内统一使用的号码。

思 考 与 练 习

1. PCM30/32 路系统中，时隙_____用于传送帧同步信号。

2. 模拟信号要变换成二进制数字信号一般必须经过_____、_____和_____等 3 个处理过程。

3. PCM 基群系统是数字复接最基本的系统，它由_____个话路组成，它的数据传输速率是_____，而每一路信号的速率为_____。

4. 某主叫用户摘机后占用第 17 条话路，为其传送话音信号的时隙是 TS18，问：该话路在每一帧中被接通_____次，隔_____（时间）被接通一次？每次接通的时长为_____。

5. 电信网从逻辑上是由_____、_____、_____以及_____构成的。

6. _____是在通话两者之间建立一条专用通道，并在整个通话期间由通话双方独占这条通道的一种交换方式。

7. 我国程控数字交换机内的数字化话音信号采用以下（　　）PCM 编码。

A. A 律　　　　B. μ 律　　　　C. A 律或者 μ 律　　　　D. 以上说法均不对

第 2 章　程控交换技术

2.1　程控数字交换机的组成

2.1.1　程控数字交换机的硬件组成

　　程控数字交换机硬件部分主要由两大部分组成：控制部分和话路部分，其结构原理图如图 2-1 所示。

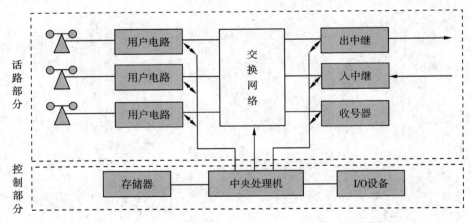

图 2-1　程控交换机结构原理图

1. 控制部分

　　控制部分的主要功能是完成对交换机系统全部资源的管理和控制，监视资源的使用和工作状态，按照外部终端的请求分配资源和建立相关连接。控制部分由中央处理机（CPU）、存储器和 I/O 设备组成，中央处理机将控制信息传送到交换网络，交换网络再将控制信息传送到其他话路部分。

2. 话路部分

话路部分主要由终端电路(用户电路和中继电路)、收号器和交换网络组成。终端电路将来自用户终端(电话机、计算机等)或其他交换机(局)的各种线路(中继)传输信号转换成统一的交换机内部工作信号,并按信号的性质分别将信令信号送给处理机,将业务消息信号送给数字交换网络。交换网络是实现各入线、出线上数字时分信号的传递或接续,负责交换机内部所有信号的交换,所有信号均通过交换网络完成交换。收号器根据所设置的位置,可以属于接口电路,也可以属于控制电路。

控制部分只处理控制信息,话路部分既处理控制信息,又负责通话阶段的话音信号的传递。控制信息和话音信号都必须在交换网络中进行交换才能从一个部分到另一个部分。

以中兴数字程控交换机 ZXJ10 为例,ZXJ10 原理部分与图 2-1 所示的程控交换机结构保持一致。实际局端机房里看到的是程控交换机的机柜,机柜的组成如下:

$$\text{机柜→机架→6 个机框} \begin{cases} \text{每框后面有一块背板} \\ \text{每框前面有 27 个槽位,可插不同单板} \end{cases}$$

虚拟机房程控交换机前后机架如图 2-2 所示;虚拟机房程控交换机第四框如图 2-3所示。

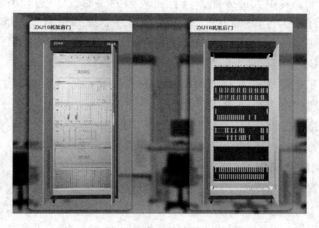

图 2-2　虚拟机房程控交换机前后机架

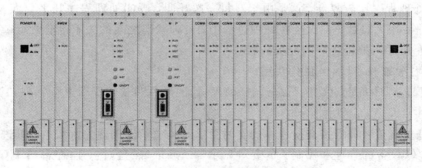

图 2-3　虚拟机房程控交换机第四框

机架上第四框最大的单板 MP 是交换机的控制中心,相当于整个程控交换机的大脑。后台维护计算机与 MP 单板通过网线相连,传送并维护终端配置的数据给 MP,MP 根据配置好的数据实现整个交换系统的控制功能。

2.1.2 程控数字交换机的软件组成

程控交换系统是指完成交换系统各项功能而运行于各处理机中的程序和数据的集合。程控交换软件系统十分庞大而复杂，总体上可以分为运行软件系统和支援软件系统两大部分，如图 2-4 所示。

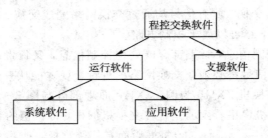

图 2-4 程控交换软件系统的组成

1. 运行程序

运行程序又称联机程序，它是指运行在交换系统各处理机中，对交换系统的各种业务进行处理的软件总和，其中大部分业务具有比较强的实时性。根据功能的不同，在线程序通常由呼叫处理程序、执行管理程序、故障处理程序、故障诊断程序和运行管理程序五大子系统组成。

1) 呼叫处理程序

呼叫处理程序负责整个交换机所有呼叫的建立与释放以及交换机各种新服务性能的建立与释放。呼叫处理程序主要负责以下功能：

(1) 交换状态管理：负责呼叫处理过程中不同状态(如空闲、收号等)的转移和管理。

(2) 交换资源管理：对呼叫处理过程中的电话外设(如用户设备、中继器、收发码器、交换网络等)进行调试和调用。

(3) 交换业务管理：对程控交换机的许多新的交换业务(如三方通话、热线服务等)进行管理。

(4) 交换负荷控制：监视交换业务的负荷情况，临时性控制发话或入局呼叫的限制。

呼叫处理程序比较复杂。这是由于对每一次呼叫，呼叫处理程序几乎要涉及所有的公共资源，并使用大量数据，而且在处理过程中，各种状态之间的关系也非常复杂。本章 2.3 节将详细介绍呼叫处理程序的有关内容。

2) 执行管理程序(或叫操作系统)

执行管理程序负责对交换系统(尤指处理机)的硬件和软件资源进行管理和调度。执行管理程序主要负责以下功能：

(1) 任务调度：负责按交换程序的实时要求和紧急情况的优先等级，对其进行调度。

(2) I/O 设备的管理和控制：负责对显示器、磁带(磁盘)机、监控台等 I/O 设备进行管理控制。

(3) 处理机间的通信的控制和管理：负责交换系统中各处理机间信息交换的控制和管理。

(4) 系统管理：负责软件系统的统一管理和调度。

3）运行管理程序

运行管理程序用于维护人员存取和修改有关用户和交换局的各种数据，统计话务量和打印计费清单等各项任务。它主要负责以下功能：

（1）话务量的观察、统计和分析。

（2）对用户线和中继线定期进行例行维护、测试。

（3）业务质量的监视。它监视用户的通话业务的情况和质量，如监视呼叫信号，通话接续是否完成或异常情况。它还包括收费检查，即在用户要求下，对用户收费数据的详细记录进行核对。数据包括从用户摘机起到话终挂机止的各种数据，如呼叫时间、所拨号码、费率、应答时间、应答前计费表数字和应答后计费表数字、挂机时间等，并可打印输出。

（4）业务变更处理。它包括用户的交换处理：新用户登记、用户撤销、用户改号、话机类别的更改等，以及用户业务登记、更改和撤销。

（5）计费及打印用户计费账单。

（6）负荷控制，对话务过载进行处理。

（7）进行人—机通信，对操作员键入的控制命令进行编辑和执行。

4）故障处理程序

故障处理程序亦称系统恢复程序，负责对交换系统做经常性的检测，并使系统恢复工作能力。其主要完成以下功能：

（1）硬件故障检测：通过硬件电路设计或周期性调用检测软件的方法来对交换机的设备故障进行检测。

（2）硬件设备的切换：根据故障出现的额度来判断是瞬时故障还是永久性故障。撤下故障部件而接入备用部件，使交换机恢复工作，随后调用故障诊断程序对撤下部件进行诊断，以确定故障位置。

（3）软件故障检测：用于监视程序执行是否超时，地址、数据是否合理，主/备用部件内数据表格是否一致，各种表格内容与实际硬件是否匹配等。

（4）软件故障的恢复：通过程序重复执行的方法，或重新加载的方法来恢复软件系统。

（5）设备状态的管理：对采用主/备为工作方式的硬件部件的"工作"、"备用"及"故障"等状态进行管理。

5）故障诊断程序

故障诊断程序是指用于确定硬件故障位置的程序。多数程控交换机的故障诊断可达到某块印刷电路板（PCB）。

故障诊断程序通常采用以下工作方式：

（1）开机诊断：交换机加电后，首先自动对所有硬件部件进行诊断，将结果报告给故障处理程序。

（2）人—机命令诊断：由操作人员通过人—机命令指定对交换机某一部件执行诊断。

（3）自动诊断：当故障处理程序发现运行中的交换机有故障部件时，用备用部件代替故障部件，并调用故障诊断程序对其进行诊断。

故障诊断程序利用交换机控制台的显示屏幕和打印机显示或打印诊断结果。

2. 支援程序

支援程序又称脱机程序，实际上是一个计算机辅助开发、生产以及维护软件的系统，多用于开发和生成交换局的软件和数据以及开通时的测试等。

支援程序按其功能可划分为设计、测试、生产及维护等子系统。

1) 设计子系统

设计子系统用于设计阶段，作为功能规范和描述语言(SDL)与高级语言间的连接器，各种高级语言与汇编语言的编译器，链接定位程序及文档生成工作。设计完成所得的程序模块以及经过编译得到的目的代码应存储于数据库中。

2) 测试子系统

测试子系统检测所设计软件是否符合其规范。它的主要功能分测试与仿真执行两种。测试功能是根据设计的规范生成各种测试数据，并在已设计的程序中运行这些测试数据，以检验程序工作结果是否符合原设计要求。仿真执行则是将软件的设计规范转换为语义等价的可执行语言，在设计完成前可根据仿真执行的结果检验设计规范是否符合实际要求。测试数据、运行结果及仿真执行结果均应存储于数据库中。

3) 生产子系统

生产子系统生成交换局运行所需的文件，包括局数据文件、用户数据文件和局程序文件、系统文件和系统生成。

(1) 局数据文件生成：在软件中心的操作系统控制下，由局数据生成程序将原始局数据文件自动生成为规定的局数据的文件结构形式。这样避免了某局逐字地设置局数据，既节省工时又避免了人为差错。

(2) 用户数据文件生成：用户的各种数据是处理用户呼叫所必须的文件，新添或更改个别用户数据，可直接在运行局用键盘命令来实现。

(3) 局程序文件：将程序及相应数据有机组合起来的文件。局程序文件包括系统文件、局数据文件和用户数据文件。系统文件和局数据文件又合称局文件。

(4) 系统文件：包括系统程序、系统数据和一级局数据。系统程序即交换用的各种处理程序，属于功能性程序，也是通用性程序，不同局均能使用的系统数据是与局条件无关的参数，而局数据则是随局条件而异的参数。一级局数据是局数据中固定不变的部分，因此可纳入系统文件之中，二级、三级局数据是可变的数据。

(5) 系统生成：根据系统参数从母文件中选择适当的程序单元而产生系统文件的过程称做系统生成。系统生成程序就是根据系统参数而选择相应的功能块和功能单元而产生系统文件的应用程序。系统参数则是用于说明和确定系统组成特征的数据，如表示市话局、长话局、长市合一等的局级参数，表示是否采用公共信道方式的参数，表示是否含有可视电话、遥控功能的系统参数等。

4) 维护子系统

维护子系统对交换局程序的现场修改或称补丁进行管理与存档。如果补丁所修改的错误具有普遍意义，则子系统应将其拷贝多份并加载至其他交换局中。由于同一程序模块在各个交换机中的地址一般都不相同，根据交换局的具体情况加至其局程序文件内，以加载至各交换机中运行。

支援程序的任务牵涉面很广。它不仅牵涉从交换局的设计、生产到安装等交换局的运行前各项任务，还牵涉交换局开始运行到以后整个寿命期间的软件管理、数据设计、修改、分析以及资料编辑等各项工作。

3. 数据

数据部分包括交换局的局数据、用户数据及交换系统数据。

1）局数据

各交换局的局数据，反映交换局在交换网中的地位（或级别），以及本交换局与其他交换局的中继关系。它包括对其他交换网的中继路由的组织、数量、接收或发送号码、位长、计费费率、传送信号方式等。

局数据的设计牵涉电话网内与本局直接连接各局的中继关系，应做到与各相关局在相关数据上完全一致，以避免各交换局间的中继关系发生矛盾（例如两个交换局间同一中继路由的信号方式或设备数量不一致等）。另外，在局数据中还包括该局使用的各种编号，如长途区号、市话局局号等的号码长度。

2）用户数据

用户数据描述全部用户的信息，它为每一个用户所特有。

市话局用户数据包括用户性质（号盘或双音频按键电话、同线电话、投币电话、用户交换机（PBX）中继线等）、用户类别（电话用户、数据用户等）、计费种类（定期或立即计费、家用计次表、计费打印机等）、用户地理位置（本局营业区或其他局营业区）、优先级别、话务负荷等。注意，长话局和国际局无用户数据。

3）交换系统数据

交换系统数据由设备制造厂家根据交换局的设备数量、交换网络的组成、存储器的地址分配、交换局的各种信号、编号等有关数据在出厂前编写。

在程控交换机中，所有有关交换机的信息都可以通过数据来描述，如交换机的硬件配置、运用环境、编号方案、用户当前状态、资源（如中继、路由等）的当前状态、接续路由地址等。

在交换机的软件程序中，数据并不是彼此独立的，它们之间有一定的内在联系。为了快速有效地使用这些数据，一般按一定规则将它们以表格或文件的形式组织起来。

4. 程控交换系统软件的特点

程控交换系统的软件用来实现识别主叫、号码分析、路由选择、故障诊断等交换系统的全部智能性操作，而程控交换系统是一种实时控制系统，服务的对象是大量用户的随机呼叫。因此，程控交换系统软件最突出的特点是规模大、实时性强、多重性处理、可靠性高和维护要求高。

1）实时性强

程控交换系统是一个实时系统。它要求能及时收集各个用户的当前状态数据，并对这些数据及时加以分析处理，在规定的时间内作出响应；否则，会因丢失有关信息而导致呼叫建立的失败。因此，程控交换系统的软件必须具有实时特性，它对某些任务的完成要求是必须在一定的时限内完成。例如，在接收用户拨号脉冲时，必须在一个脉冲到来时进行识别和计数，否则将造成错号。

根据实时性要求的不同，交换程序可分为不同的等级。相对而言，对时间要求不大严格的是运行管理功能，系统对这些功能的响应时间可以为若干秒甚至更长。但对故障处理要越快越好。在交换系统中，处理故障的程序一般具有最高优先级，一旦发现故障，系统就将中断正在执行的程序，及时转入故障处理。

2）并发性和多道程序运行

在一个大容量的程控交换系统中，用户数量众多，会有多个用户同时发出呼叫请求，还会出现同时有多个用户正在进行通话、挂机等多种情况，而且每个用户会有各种不同的任务要求处理；此外，还可能有几个管理和维护任务正在执行，这些任务可能是操作人员启动的。如测试一个用户或修改一张路由表，也可能是系统自动启动的，如周期的例行测试和话务量测量，这就要求交换系统能够在"同一时刻"执行多种任务，也就是要求软件程序要有并发性，或者说，要具有在一个很短的时间间隔内处理很多任务的能力。

3）可靠性要求高

对一个交换系统来讲，可靠性指标通常是 99.98％ 的正确呼叫处理以及 40 年内系统中断运行时间不超过两小时。即使在硬件或软件系统本身故障的情况下，系统应仍能保持可靠运行，并能在不中断系统运行的前提下，从硬件或软件故障中恢复到正常运行，这就要求要有许多保证软件可靠性的措施。

4）维护要求高

程控交换软件系统具有相当大的维护工作量，这不仅是由于原来设计软件系统的不完善需要加以改进，更重要的是随着技术的发展，需要不断引入新的性能或对原有性能进行改进和完善，还由于交换局的业务发展引起用户组成、话务量的变化。此外，整个通信网络的发展可能对本交换局提出新的要求等。由于上述因素，程控交换软件系统的维护工作量相当之大。一般而言，在整个软件生存周期内，软件总成本的 50％～60％ 是用在维护上的。因此，提高程控软件系统的可维护性，对于提高程控交换系统的质量，降低成本，具有十分关键的作用。

2.2　数字交换网络

数字交换网络处于程控数字交换机的中心，是程控数字交换机的内部网络，它联系着交换机的各个部分。各程控数字交换机之间采用 PCM 四线传输，数字交换和 PCM 数字传输的结合，使全程的传输损耗降低，提高了用户的通话质量。

2.2.1　基本交换单元

1. T 接线器

T 接线器采用缓冲存储器暂存话音的数字信息，并用控制读出或控制写入的方法来实现时隙交换。因此，时间接线器主要由话音存储器（SM）和控制存储器（CM）构成，如图 2-5 所示。其中，话音存储器和控制存储器都由随机存取存储器（RAM）构成。话音存储器用来暂存数字编码的话音信息。每个话路时隙有 8 位编码，故话音存储器的每个单元应至少具有 8 比特。话音存储器的容量也就是所含的单元数应等于输入复用线上的时隙数，假定输入复用线上有 512 个时隙，则话音存储器要有 512 个单元。控制存储器的容量通常等于话音存储器的容量，每个单元所存储的内容是由处理机控制写入的。

在图 2-5 中，控制存储器的输出控制话音存储器的读出地址。如果要将话音存储器输入 TS49 的内容 a 在 TS58 中输出，可在控制存储器的第 58 单元中写入 49。下面介绍完成时隙交换的过程。各个输入时隙的信息在时钟控制下，依次写入话音存储器的各个单元，时隙 1 的内容写入第 1 个存储单元，时隙 2 的内容写入第 2 个存储单元，以此类推。控制存储器在时钟控制下依次读出各单元内容，读至第 58 单元时（对应于话音存储器输出 TS58），其内容 49 用于控制话音存储器在输出 TS58 读出第 49 单元的内容，从而完成了所需的时隙交换。输入时隙选定了输出时隙后，由处理机控制写入控制存储器的内容在整个通话期间保持不变。于是，每一帧都重复以上的读写过程，输入 TS49 的话音信息，在每一帧中都在 TS58 中输出，直到通话终止。

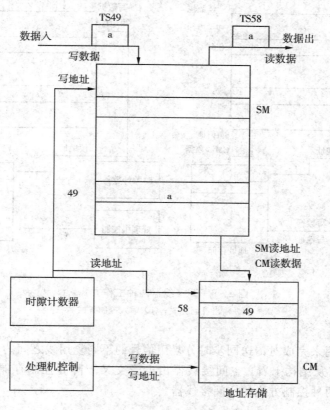

图 2 - 5　T 接线器

T 接线器工作原理方面就控制存储器对话音存储器的控制而言，可有两种控制方式：

（1）顺序写入，控制输出，简称"输出控制"。

（2）控制写入，顺序写出，简称"输入控制"。

图 2-6(a)所示为输出控制方式，即话音存储器的写入由时钟脉冲控制按顺序进行，而其读出要受控制存储器的控制，由控制存储器提供写出地址。控制存储器则只有一种工作方式，它所提供的读出地址是由处理机控制写入，按顺序读出的。例如，当时隙内容 a 需要从时隙 i 交换到时隙 j 时，在话音存储器的第 i 个单元顺序写入内容 a，由处理机控制在控制存储器的第 j 个单元写入地址 i 作为话音存储器的输出地址。当第 j 个时隙到达时，从控制存储器中去取出输出地址 i，从话音存储器第 i 个单元中取出内容 a 输出，完成交换。

图 2-6(b)所示为输入控制方式，即话音存储器是控制写入，顺序读出的，其工作原理与输出控制方式相似，不同之处是控制存储器用于控制话音存储器的写入。当第 i 个输入时隙到达时，由于控制存储器第 i 个单元写入的内容是 j，作为话音存储器的写入地址，就

使得第 i 个输入时隙中的话音信息写入话音存储器的第 j 个单元。当第 j 个时隙到达时，话音存储器按顺序读出内容 a，完成交换。实际上，在一个时钟脉冲周期内，由 RAM 构成的话音存储器和控制存储器都要完成写入和读出两个动作，这是由 RAM 本身提供的读、写控制线控制的，在时钟脉冲的正、负半周分别完成。

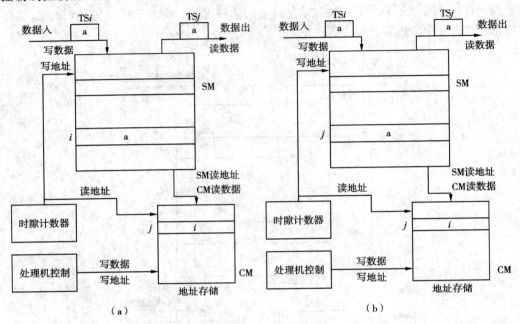

图 2-6 T 接线器两种工作方式

(a) 输出控制方式；(b) 输入控制方式

2. S 接线器

空间接线器用来完成对传送同步时分复用信号的不同复用线之间的交换功能，而不能改变其时隙位置。从结构上看，空间接线器由电子交叉矩阵和控制存储器（CM）构成，图 2-7 所示为基于两种控制方式的空间接线器。

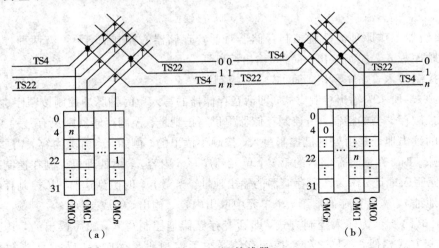

图 2-7 S 接线器

(a) 输入控制方式；(b) 输出控制方式

它包括一个 4×4 的电子交叉矩阵和对应的控制存储器。4×4 的交叉矩阵有 4 条输入复用线和 4 条输出复用线，每条复用线上传送由若干个时隙组成的同步时分复用信号，任一条输入复用线可以选通任一条输出复用线。这里我们说成复用线，而不一定是一套 32 路的 PCM 系统，是因为实际上还要将各个 PCM 系统进一步复用，使一条复用线上具有更多的时隙，以更高的码率进入电子交叉矩阵，从而提高性能。因为每条复用线上具有若干个时隙，即每条复用线上传送了若干个用户的信息，所以输入复用线与输出复用线应在某一个指定时隙接通。例如，第 1 条输入复用线的第 1 个时隙可以选通第 2 个输出复用线的第 1 个时隙，它的第 2 个时隙可能选通第 3 条输出复用线的第 2 个时隙，它的第 3 个时隙可能选通第 1 条输出复用线的第 3 个时隙，等等。所以说，空间接线器不进行时隙交换，而仅仅实现同一时隙的空间交换。当然，对应于一定出、入线的各个交叉点是按复用时隙而高速工作的；而在这个意义上，空间接线器是以时分方式工作的。

各个交叉点在哪些时隙应闭合，在哪些时隙应断开，这取决于处理机通过控制存储器所完成的选择功能。如图 2-7(a)所示，对应于每条入线有一个控制存储器(CM)，用于控制该入线上每个时隙接通哪一条出线。控制存储器的地址对应时隙号，其内容为该时隙所应接通的出线编号，所以其容量等于每一条复用线上的时隙数，每个存储单元的字长，即比特数则取决于出线地址编号的二进制码位数。例如，若交叉矩阵是 32×32，每条复用线有 512 个时隙，则应有 32 个控制存储器，每个控制存储器有 512 个存储单元，每个单元的字长为 5 比特，可选择 32 条出线。

图 2-7(b)与(a)基本相同，不同的是这时每个控制存储器对应一条出线，用于控制该出线在每个时隙接通哪一条入线。所以，控制存储器的地址仍对应时隙号，其内容为该时隙所应接通的入线编号，字长为入线地址编号的二进制码位数。电子交叉矩阵在不同时隙闭合和断开要求其开关速度极快，所以它不是普通的开关。通常，它是由电子选择器组成的。电子选择器也是一种多路选择交换器，只是其控制信号来源于控制存储器。

2.2.2　T、S 接线器组合网络

以 T 型或 S 型时分接线器为基础，组成两级或两级以上的交换网称做数字交换网络。由于 T 型接线器可进行时隙交换，所以它可以独立工作。而 S 型接线器不能进行时隙交换，所以它不能独立工作。常见的数字交换网络有 T-T、T-T-T、T-S-T、S-T-S 等。本节仅介绍 T-T 和 T-S-T 的工作原理，其他的分析方法大致相同。

1. T-T 数字交换网络

T-T 型二级交换网络如图 2-8 所示，下面分析 T-T 二级交换网络的工作原理。

1) 组成

图 2-8 的 T-T 型二级交换网络由 8 个 T 入 (0~7)接线器和 8 个 T 出 (0~7)接线器组成。其中：

复用器(S/P)——8 端 HW 复用，复用度 F=256；

分路器(P/S)——8 端 HW 复用，复用度 F=256；

T 接线器入：CMA=32×8×8×8；

T 接线器出：SMB=32×8×8×8，CMB=32×8×8×8。

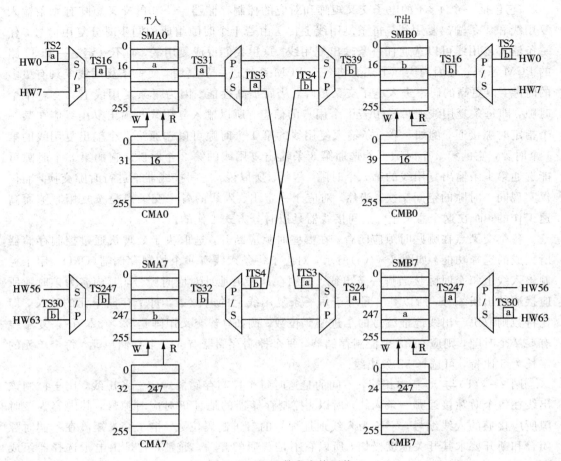

图 2-8 T-T 数字交换网络

2）控制方式

T 接线器入采用控制读方式，T 接线器出采用控制写方式。

3）工作原理

以 HW0 TS2 a↔HW63 TS30 b 为例介绍图 2-8 的 T-T 型二级交换网络的工作原理。

4）内部时隙

由 CPU 寻找一条空闲链路，可采用奇偶法，若主叫用户选用偶数时隙 TS2P，则被叫用户应选择奇数时隙 TS2P+1 或 TS2P-1。此例中主叫用户选用时隙 ITS3，被叫用户选择时隙 ITS4。

5）路由选择

（1）HW0 TS2"a"→HW63 TS30"a"：HW0 TS2→TS16→T 入 0 SMA0、CMA0→内部时隙 ITS3→ITS31（逆方向），P/S(0)7 出→S/P(7)0 入，内部时隙 ITS3→ITS24（正方向），T 出 7 SMB7，CMB7→TS247→HW63 TS30。

（2）HW63 TS30"b"→HW0 TS2"b"：HW63 TS30→TS247→T 入 7 SMA7、CMA7→内部时隙 ITS4→ITS32（逆方向），P/S(0)0 出→S/P(0)7 入，内部时隙 ITS4→ITS39（正

方向），T 出 0 SMB0、CMB0→TS16→HW0 TS2。

6）填写控制字

（1）HW0 TS2"a" → HW63 TS30"a"：T 入 0 为顺序写入，控制读出，SMA0 的第 16 单元写入"a"，CMA0 的第 31 单元写入"16"；T 出 7 为控制写入，顺序读出，SMB7 的第 247 单元读出"a"，CMB7 的 24 单元写入"247"。

（2）HW63 TS30"b" → HW0 TS2"b"：T 入 7 为顺序写入，控制读出，SMA7 的 247 单元写入"b"，CMB7 的第 32 单元写入"247"；T 出 0 为控制写入，顺序读出，SMB0 的第 16 单元读出"b"，CMB7 的第 39 单元写入"16"。

7）时隙分析

（1）TS16 时隙：将 HW0TS2 的语音信号"a"顺序写入 T 入 0 的 SMA 16 单元；将 T 出 0 的 SMB0 16 单元的语音信号"b"顺序读出。

（2）TS31 时隙：根据 T 入 0 的 CMA0 31 单元的"16"，将 T 入 0 的 SMA0168 单元的"a"读出。

（3）TS32 时隙：根据 T 入 7 的 CMA7 32 单元的"247"，将 T 入 7 的 SMA7 247 单元的"b"读出。

（4）TS24 时隙：根据 T 出 7 的 CMB7 24 单元的"247"，将"a"写入 SMB7 247 单元。

（5）TS39 时隙：根据 T 出 0 的 CMB0 39 单元的"16"，将"b"写入 SMB0 16 单元。

（6）TS247 时隙：将 HW63TS30 的语音信号"b"顺序写入 T 入 7 的 SMA7 247 单元，将 T 出 7SMB7 247 单元的语音信号"a"顺序读出。

2. TST 数字交换网络

大型的数字交换网络普遍采用 TST（时分-空分-时分）三级结构，它由两个 T 级和一个 S 级组成。因为采用两个 T 级可充分利用时分接线器成本低和无阻塞的特点，TST 数字交换网引入了空分级 S，改善了话务的疏散功能，并通过扩大 S 级的输入母线和输出母线，将多个时分接线器连接起来，大幅度提高了交换网的容量。

在 TST 型交换网络中，对 T 型接线器的安排一般有两种方式：T 入为时钟写入，控制读出；T 出为控制写入，时钟读出。简称读写方式的 T-S-T 型交换网络，如图 2-9 所示，T 入为控制写入，时钟读出；T 出为时钟写入，控制读出。简称写读方式的 T-S-T 型交换网络，如图 2-10 所示。

这两种网络的基本组成都一样，下面分析它们的工作原理。

1）组成

图 2-9 和图 2-10 基本组成都是 16 个 T 入（0～15）接线器，16×16×8 的 S 型交叉矩阵，16 个 T 出（0～15）接线器。

T 接线器入：SMA=32×8×8×16，CMA=32×8×8×16；

S 接线器：16×16×8（交叉矩阵）CMS=32×8×4×16；

T 接线器出：SMB=32×8×8×16，CMB=32×16×8×16。

2）工作原理

以 HW0 TS2↔HW127 TS30 为例介绍两种工作方式的工作原理。

（1）读写方式的 T-S-T 三级交换网络。T 入采用控制读方式；S 级为出线控制方式；T 出采用控制写方式，简称读写方式的 T-S-T，如图 2-9 所示。

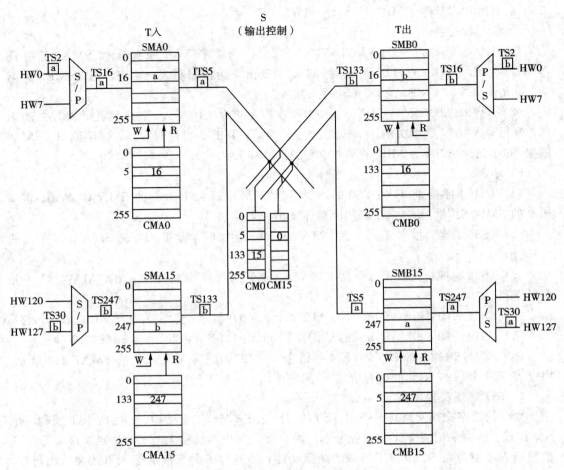

图 2-9　读写方式的 T-S-T 三级交换网络

① 内部时隙。这里采用反相法作为内部时隙，即两个时隙相差半帧，一个内部时隙为 $TS\tau$，另一个内部时隙为 $TS\tau'$，$TS\tau' = TS\tau + F/2$。如设 $\tau = 5$，则 $\tau' = 5 + 256/2 = 133$，即一个内部时隙为 ITS5，另一个为 ITS133。

② 路由选择。

· HW0 TS2"a" → HW127 TS30"a"：HW0 TS2→TS16（$2\times8+0=16$）→T 入 0 SMA0，CMA0→ITS5→S 接线器 0 入 15 出→ITS5→T 出 15 SMB15，CMB15→TS247（$30\times8+7=247$）→HW127 TS30。

· HW127 TS30"b" → HW0 TS2"b"：HW127 TS30→TS247（$30\times8+7=247$）→T 入 15 SMA15，CMA15→ITS133→S 接线器 15 入 0 出→ITS133→T 出 0 SMB0，CMB0→TS16（$2\times8+0=16$）→HW0 TS2。

③ 填写控制字。

· HW0 TS2"a" → HW127 TS30"a"：T 入 0 为顺序写入，控制读出，SMA0 16 单元写入 "a"，CMA0 5 单元写入 "16"；S 为输出控制，在 S CMS15 的 5 单元写入交叉接点号 "0"（入线号）；T 出 15 为控制写入，顺序读出，SMB15 247 单元读出 "a"，CMB155 单元写入 "247"。

· HW127 TS30"b" → HW0 TS2"b"：T 入 15 为顺序写入，控制读出，SMA15 247

单元写入"b"，CMA15 133 单元写入"247"；S 为输出控制，在 S CMS0 的 133 单元写入交叉接点号"15"（入线号）；T 出 0 为控制写入，顺序读出，SMB0 16 单元读出"b"，CMB0 133 单元写入"16"。

④ 时隙分析。

· TS16 时隙：将 HW0TS2 的语音信号"a"顺序写入 T 入 0 的 SMA0 16 单元；将 T 出 0 的 SMB0 16 单元的语音信号"b"读出。

· TSτ(=5)时隙：根据 S 接线器 CMS15 的 5 单元的内容"0"，闭合 0 入 15 出的交叉接点，接通 T 入 0 的 SMA0 和 T 出 15SMB15 之间的通路；将 T 入 0 的 SMA0 16 单元的"a"读出；写入 T 出 15 的 SMB15 247 单元。

· TSτ′(=133)时隙：根据 S 接线器 CMS0 的 133 单元的内容"15"，闭合 15 入 0 出的交叉接点，接通 T 入 SMA15 和 T 出 SMB0 之间的通路；将 T 入 15 的 SMA15 247 单元的"b"读出；写入 T 出 0 的 SMB0 16 单元。

· TS247 时隙：将 HW127 TS30 的语音信号"b"顺序写入 T 入的 SMA15 247 单元；将 T 出的 SMB15 247 单元的语音信号"a"读出。

（2）写读方式的 T-S-T 三级交换网络。T 入采用控制写方式，S 级为出线控制方式，T 出采用控制读方式，简称写读方式的 T-S-T，如图 2-10 所示。

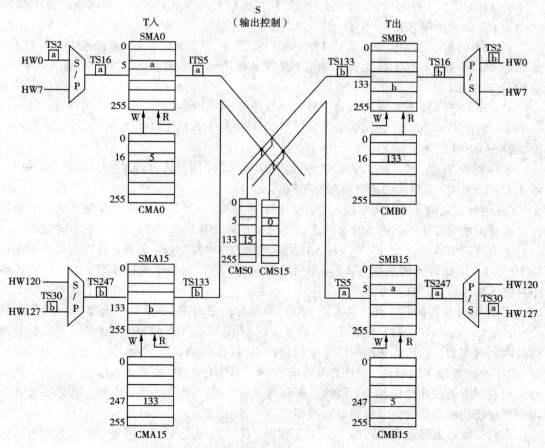

图 2-10　写读方式的 T-S-T 三级交换网络

① 路由选择。

· HW0 TS2"a" → HW127 TS30"a"：HW0 TS2→TS16（2×8＋0＝16）→T 入 0 SMA0，CMA0→ITS5→S 接线器 0 入 15 出→ITS5 →T 出 15 SMB15，CMB15→TS247（30×8＋7＝247）→HW127 TS30。

· HW127 TS30"b" → HW0 TS2"b"：HW127 TS30→TS247（30×8＋7＝247）→T 入 15 SMA15，CMA15→ITS133→S 接线器 15 入 0 出→ITS133→T 出 0 SMB0，CMB0→TS16（2×8＋0＝16）→HW0 TS2。

② 填写控制字。

· HW0 TS2"a" → HW127 TS30"a"：T 入 0 为控制写入，顺序读出，应在 SMA0 5 单元读出"a"，CMA0 16 单元写入"5"；S 为输出控制，在 S CMS15 5 单元写入交叉接点号"0"；T 出 15 为顺序写入，控制读出，SMB15 5 单元写入"a"，CMB15 247 单元写入"5"。

· HW127 TS30"b" → HW0 TS2"b"：T 入 15 为控制写入，顺序读出，SMA15 133 单元读出"b"，CMA15 247 单元写入"133"；S 为输出控制，在 SCM S0 133 单元写入交叉接点号"15"；T 出 0 为顺序写入，控制读出，SMB0 133 单元写入"b"，CMB0 16 单元写入"133"。

③ 时隙分析。

· TS16 时隙：将 HW0 TS2 的语音信号"a"控制写入 T 入的 SMA0 5 单元；将 T 出的 SMB 0 133 单元的语音信号"b"读出。

· TS5 时隙：根据 S 接线器 CMS15 的 5 单元的内容，闭合 0♯交叉接点，接通 T 入 0 的 SMA0 和 T 出 15 SMB15 之间的通路；将 T 入的 SMA0 5 单元的"a"读出；写入 T 出 15 的 SMB 5 单元。

· TS133 时隙：根据 S 接线器 CMS0 的 133 单元的内容，闭合 15♯交叉接点，接通 T 入 SMA15 和 T 出 SMB0 之间的通路；将 T 入 15 的 SMA15 133 单元的"b"读出；写入 T 出 0 的 SMB0 133 单元。

· TS247 时隙：将 HW127 TS30 的语音信号"b"控制写入 T 入的 SMA15 133 单元；将 T 出的 SMB15 5 单元的语音信号"a"读出。

（3）两种方式的比较。从原理上讲，输入 T 和输出 T 可以采用任何控制方式，但是从控制和维护的角度出发，还是有必要进行讨论。下面对图 2-9 和图 2-10 进行比较。

① a 读写方式的 T-S-T：T 入的 SMA 单元和用户时隙对应，语音 a 要固定放在 SMA0 的 16 号单元，语音 b 要放在 SMA15 的 247 号单元，当这两个单元损坏时，使用该单元的用户就无法通信，影响较大。

② b 写读方式的 T-S-T：T 入的 SMA 单元与链路对应，SMA 单元和用户则是群对应。语音 a 放在 SMA0 的 5 号单元，语音 b 放在 SMA15 的 133 号单元，这两个单元都是内部时隙所对应的。语音信息存在哪个单元是由 CPU 控制的，当 SMA 单元有个别损坏时，由 CPU 控制选择存储单元。另外在写读方式的 T-S-T 中，CMA 单元对应于用户号，其内容为相应用户所使用的链路号，因此只要检查 CMA 哪个单元是什么内容，就可知道哪个用户正在使用哪条链路。即控制写较控制读测试方便。

由此分析，采用写读方式的 T-S-T 比较好，所以大部分 T-S-T 网络都采用写读方式的 T-S-T。

2.3　呼叫处理过程

程控数字交换机对所连接的用户状态周期性地进行扫描，当用户摘机后，用户回路由断开变为闭合，交换机识别到用户的呼叫请求后进行相关的呼叫处理。呼叫处理用于控制呼叫的建立和释放，基本上对应呼叫的接续过程。下面主要介绍一般呼叫接续流程和呼叫处理原理。

2.3.1　呼叫接续流程

发端交换局可完成本局呼叫和出局呼叫，其程控数字交换机呼叫接续的过程可分为三个部分。

1. 呼叫建立

主叫摘机向交换机发出呼叫请求信号，交换机检测到用户请求后向用户送拨号音，用户拨打被叫号码，交换机接收被叫号码(DTMF 信号或脉冲信号)交换机进行号码分析和用户识别。若为本局呼叫，交换机建立主被叫之间的电路连接；若为出局呼叫，则选择占用至被叫用户所在交换局的出局中继线。

2. 双方通话

主/被叫通过用户线和中继线，以及交换机内部建立的链路进行通话。

3. 话终释放

主/被叫挂机，交换机释放电路。

程控数字交换机一次成功的本局呼叫接续详细过程如图 2-11 所示。

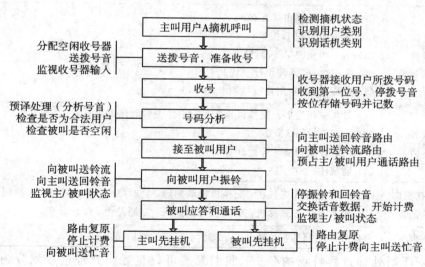

图 2-11　本局呼叫接续过程

2.3.2　呼叫处理原理

假设用户 A 和用户 B 位于同一个交换机内，且两个用户均处于空闲状态，在某个时刻，用户 A 要发起对用户 B 的一个呼叫，即主叫为 A、被叫为 B，则交换机对这个本局呼叫的基本处理过程见表 2-1。

表 2-1　本局呼叫的基本处理过程

呼叫进展状况	交换机相应的处理动作或状态变化
主叫 A 摘机呼叫	(1) 交换机通过不断进行周期扫描，检测到用户 A 的摘机信号； (2) 交换机检查主叫用户 A 的类别，识别普通电话、公用电话或用户交换机等； (3) 交换机检查用户呼叫限制情况，以便决定用户的呼叫权限和限制； (4) 交换机检查话机类别，以确定是 PULSE 还是 DTMF 收号方式，以便分配不同的收号器
向 A 送拨号音 准备收号	(1) 交换机选择一个空闲收号器，寻找一个主叫用户和信号音发生器之间的空闲时隙（路由）； (2) 交换机向主叫 A 送拨号音，提示主叫 A 拨号； (3) 监视主叫 A 所在用户线的输入信号（拨号），准备收号
收号与号码 分析	(1) 交换机收到第一位号码后停拨号音； (2) 交换机按位存储收到的号码； (3) 交换机对号首进行分析，即进行字冠分析，判定呼叫类别（本局、出局、长途、特服等），检查这个呼叫是否允许接通，主叫用户是否限制用户等，并确定应收号长； (4) 交换机对"已收号长"进行计数，并与"应收号长"比较； (5) 号码收齐后，对于本局呼叫进行号码翻译，确定被叫；如果是出局呼叫，则根据长途区号和局号，选择一条从主叫用户 A 通往被叫用户 B 所在电话局的通路，并将被叫号码传到被叫所在话局，由被叫话局再重新进行号码分析； (6) 交换机检查被叫用户是否空闲，若空闲，则选定该被叫
建立连接 向 B 振铃 向 A 送回铃音	(1) 交换机将路由接至被叫 B； (2) 向被叫用户 B 振铃； (3) 向主叫用户 A 送回铃音； (4) 主/被叫通话路由建立完毕； (5) 监视主/被叫用户摘挂机状态
被叫应答 进入通话	(1) 被叫摘机应答，交换机检测到后，停振铃和停回铃音； (2) A、B 通话； (3) 启动计费设备，开始计费； (4) 监视主/被叫用户状态
一方用户挂机向 另一方送忙音	(1) 如果主叫 A 先挂机，交换机检测到后，复原路由，停止计费，向被叫 B 送忙音； (2) 如果被叫 B 先挂机，交换机检测到后，复原路由，停止计费，向主叫 A 送忙音
通话结束	被催挂的用户挂机，释放占用的所有资源，通话结束

通过对呼叫处理过程特点的分析，我们发现可以将呼叫处理过程划分为以下 3 个部分：

（1）输入处理。在呼叫处理的过程中，输入信号主要有摘机信号、挂机信号、所拨号码和超时信号，这些输入信号也叫做"事件"。输入处理就是指识别和接收这些输入信号的过程，在交换机中，它是由相关输入处理程序完成的。

（2）分析处理。分析处理是对输入处理的结果（接收到的输入信号）、当前状态以及各种数据进行分析，决定下一步执行什么任务，确定下一步应该往哪一个状态转移。分析处理的功能是由分析处理程序完成的，主要包括"去话分析"、"号码翻译"、"状态分析"和"来话分析"等。

（3）任务执行和输出处理。任务执行是指在迁移到下一个稳定状态之前，根据分析处理的结果完成相关任务的过程。它是由任务执行程序完成的。在任务执行的过程中，要输出一些信令、消息或动作命令，如 No.7 信令、处理机间通信消息以及送拨号音、停振铃和接通话路命令等，将完成这些消息的发送和相关动作的过程叫做输出处理，输出处理由输出处理程序完成。

1. 输入处理

输入处理的主要功能就是要及时检测外界进入到交换机的各种信号，如用户摘/挂机信号、用户所拨号码、中继线上的中国 No.1 信令的线路信号、No.7 信令等。交换机识别信号后，相关信号进入队列或相应存储区。

输入处理包括以下几方面：

（1）用户线扫描监视。监视用户线状态是否发生了变化。

（2）中继线线路信号扫描。监视中继线线路信号是否发生变化。

（3）接收数字信号。数字信号包括拨号脉冲、DTMF 信号和 MFC 信号等。

（4）接收公共信道信令。

（5）接收操作台的各种信号等。

监视功能是由用户电路实现的，即 BORSCHT 中的 S 功能。由用户线扫描监视程序检测和识别用户线的状态变化，并据此判断用户摘挂机的事件。

用户线有两种状态："续"和"断"。"续"是指用户线上形成直流通路，有直流电流的状态；"断"是指用户线上直流通路断开，没有直流电流的状态。用户摘机时，用户线状态为"续"；用户挂机时，用户线状态为"断"；用户拨号送脉冲时，用户线状态为"断"；脉冲间隔时，用户线状态为"续"。

因此，通过对用户线上有无电流，即对这种"续"和"断"的状态变化进行监视和分析，就可检测到用户线上的摘/挂机信号及脉冲拨号信号。用户线监视电路如图 2-12 所示。

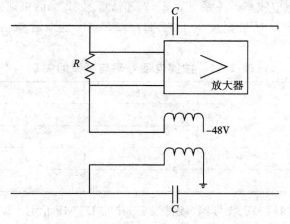

图 2-12　用户线监视电路

由于用户摘/挂机是随机发生的，为了能够及时检测到用户线上的状态变化，处理机必须周期性地去扫描用户线。周期的长短视具体情况而定，用户摘/挂机扫描周期一般为 100～200 ms，拨号脉冲识别周期一般为 8～10 ms。

假设用户在挂机状态时扫描点输出为"1"，摘机状态时扫描点输出为"0"，则用户摘机、挂机识别程序的任务就是识别出用户从"1"变为"0"或者从"0"变为"1"的状态变化。

摘/挂机识别原理如图 2－13 所示。图中处理机每隔 200 ms 对用户线扫描一次，即读出用户线的状态。扫描结果可能为"1"，也可能为"0"。这个扫描结果就是图中"这次扫描结果"，图中的"前次扫描结果"是在 200 ms 前扫描所得的信息。

从图 2－13 中可以看出，只有在从挂机状态变为摘机状态，或是从摘机状态变成挂机状态时，两次扫描结果才会不同。

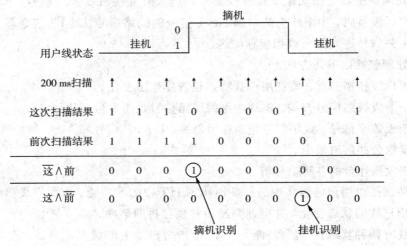

图 2－13　用户摘/挂机识别原理

2. 按钮话机拨号号码的接收

1）双音多频收号

按钮话机拨号是按号盘的数字钮，每按一个数字钮送出两个音频信号。这两个音频分别属于高频组和低频组（每组各有 4 个频率）。每一个号码分别在各组中取一个频率（四中取一）。每一号码与相应频率的关系见表 2－2。例如，按"2"，话机则发出 1336 Hz＋697 Hz 的双音频信号；按"6"，话机则发出 1477 Hz＋770 Hz 的双音频信号，这种方式被称为 DTMF（双音多频）。

表 2－2　按键电话号码与频率的关系

频率/Hz	1209	1336	1477	1633
697	1	2	3	A
770	4	5	6	B
852	7	8	9	C
941	*	0	#	D

程控交换机使用 DTMF 收号器（硬件设备）接收 DTMF 信号，DTMF 收号器示意图如图 2－14 所示。

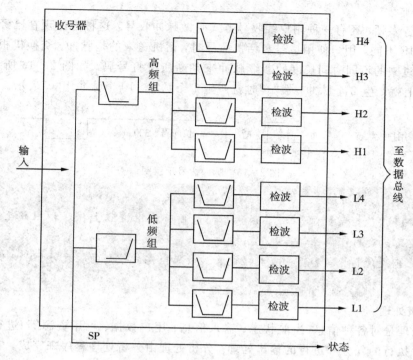

图 2-14　DTMF 收号器示意图

　　在图 2-14 中，输出端用于输出某个号码的高频信号和低频信号，信号标志用于表示 DTMF 收号器是否在收号。当信号标志 SP＝0 时，表示 DTMF 收号器正在收号，可以从收号器读取号码信息；当信号标志 SP＝1 时，表示 DTMF 收号器没有收号，无信息可读。为了及时读出号码，对信号标志 SP 要进行检测监视，一般 DTMF 信号传送时间大于 40 ms，通常取该扫描监视周期为 20 ms，以确保不漏读 DTMF 号码。DTMF 收号原理如图 2-15 所示，其基本原理与上面所介绍的脉冲识别方法是一致的，在此不再赘述。

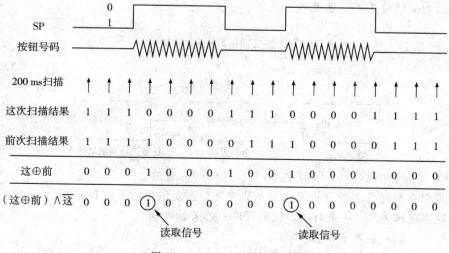

图 2-15　DTMF 收号原理

2）脉冲收号

除了双音多频，还有一种用户线收号方式叫做脉冲收号，这种方法现在已经比较少用了。与 DTMF 不同，用户使用拨号盘话机拨号时，话机送来的是脉冲。交换机根据被叫用户线上发送过来的不同时间长度的断续脉冲来判断所拨打号码，如图 2-16 所示，拨"2"时，用户线上就产生 2 个脉冲，拨"1"时就产生 1 个脉冲，10 个脉冲用"0"表示。

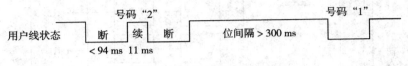

图 2-16　脉冲拨号示意图

MFC 是什么？

　　MFC 叫做"多频互控信令"，常用于局间通信时在中继线上传送被叫或主叫电话号码。为了提高传输的可靠性，采用全互控方式来发送信令，每一个前向信令必须用一个后向信令配合发送，前向和后向互相控制、互相配合完成信令的收发，所以叫做"多频互控"。在下一章会有更多关于它的介绍。

2. 分析处理

分析处理是对各种信息（当前状态、输入信息、用户数据、可用资源等）进行分析，确定下一步要执行的任务和进行的输出处理。分析处理由分析处理程序来完成，它属于基本级程序。按照要分析的信息的不同，分析处理具体可分为去话分析、号码分析、来话分析和状态分析。

1）去话分析

输入处理的摘/挂机扫描程序检测到用户摘机信号后，交换机要根据主叫用户数据进行一系列分析，决定下一步的接续动作，这种在主叫用户摘机发起呼叫时所进行的分析叫做去话分析。去话分析是指主叫局对主叫用户数据进行的分析，其结果决定下一步任务的执行和输出处理操作，非主叫局不需要去话分析。图 2-17 所示为去话分析示意图，图 2-18 所示为去话分析的一般流程。

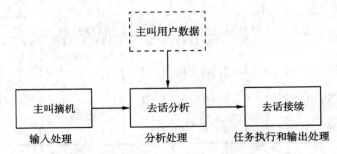

图 2-17　去话分析示意图

主叫用户数据是去话分析的主要信息来源，主要包括以下内容：

- 呼叫要求类别：一般呼叫；模拟呼叫；拍叉簧呼叫。
- 端子类别：空端子；使用中。
- 线路类别：单线电话；同线电话。
- 运用类别：一般用户；来话专用；去话停止。

- 话机类别：号盘话机；按钮话机。
- 计费种类：定期或立即计费；家用计次表；计费打印机等。
- 出局类别：只允许本区内呼叫；允许市内呼叫；允许国内长途呼叫；允许国际呼叫。
- 优先级别及专用情况：是否热线电话；是否优先；优先级别；能否作国际呼叫的被叫。
- 服务类别：呼叫转移；呼叫等待；三方通话；叫醒服务；免打扰以及恶意呼叫追踪等性能。

此外，还应反映出各种用户使用的不同用户电路，如普通用户电路、带极性倒换的用户电路、带直流脉冲计数的用户电路、带交流脉冲计数的用户电路、投币话机专用的用户电路、传真用户等。这些数据都按一定格式和关系存入内存，使用时取出。

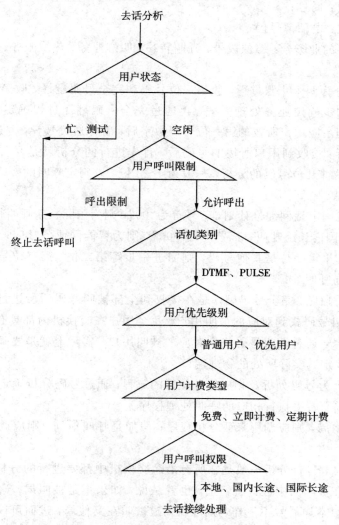

图 2-18　去话分析的一般流程

2）号码分析

号码分析是在收到用户的拨号号码时所进行的分析处理，其分析的数据来源就是用户所拨的号码。交换机可从用户线上直接接收号码，也可从中继线上接收其他局传送来的号码，然后根据译码表对号码进行分析，图 2-19 所示为号码分析示意图。

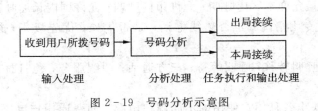

图 2-19 号码分析示意图

译码表包括：

(1) 号码类型：市内号、特服号、长途号、国际号等；

(2) 应收位数：局号；

(3) 计费方式：电话簿号码；

(4) 用户业务的业务号：缩位拨号、呼叫转移、叫醒业务、热线服务、缺席服务等业务的登记、撤销。

号码分析可分为两个步骤进行，收第一位号码和完全号码翻译，收第一位电话号码后进行号首分析，初步确定业务处理方式，再通过完全号码翻译过程确定用户位置实现接续。交换机在收到主叫用户所拨的第一位号码数字后，就停送拨号音，并进行号码分析。

(1) 号首分析。接收到用户所拨的号码后，首先进行的分析就是号首分析。号首分析是对用户所收到的前几位号码的分析，一般为 1~3 位，以判定呼叫的接续类型，获取应收号长和路由等信息。

例如，按照我国电话网编号计划，若号首为"00"，则为国际长途呼叫；"0xx"(x 表示不为 0 的数字)表示国内长途呼叫；若号首为"800"，则为智能网业务呼叫；若号首为"1xx"，则为特服呼叫；如果第一位是其他号码，则需进一步等第二位、第三位号码，才能确定是本局呼叫还是出局呼叫。

(2) 完全号码翻译。完全号码翻译是在接收到全部被叫号码后所进行的分析处理，它通过接收到的被叫号码找到对应的被叫用户。每个用户在交换机内都具有唯一的标志，通常称为用户设备号，通过被叫号码找到对应的被叫用户，实际上就是要确定被叫用户的用户设备号，从而确定其实际所处的物理端口。

图 2-20 所示为号码分析及相应任务执行的流程。通过号码分析确定了呼叫类型并获取了相关信息，进而转去执行相应的呼叫处理程序。

假如是呼叫本局，则应调用来话分析程序；假如是呼叫他局，则应调用出局接续的有关程序。

需要强调的是，号首分析一般是在所有沿途交换机中都要进行的分析任务，但是完全号码翻译只需要在被叫局中进行就行了。也就是说，如果不是被叫局，通过号首分析发现被叫号码的号首跟本局局号不一样，就可以知道被叫在其他局，进而可以根据被叫号码中的号首(局号)确定出局路由；只有在被叫局，首先进行号首分析以后，发现被叫号码的号首跟本局局号相同，说明被叫就是本局用户，所以就需要通过完全号码翻译将被叫找出来。

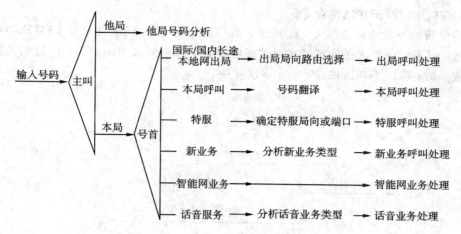

图 2-20　号码分析及相应任务的执行

这样分析有一个明显的好处，就是在用户拨号的过程中，当用户仅仅拨出了前几位号码（号首，局号）以后，交换机就可以根据号首来选通下一站的路由了，这样就大大加快了路由建立的过程，缩短了话路建立的时间，用户拨号后马上就可以接通。

在每个交换机中都有一张用于号码翻译的分析表，不管是号首分析和完全号码翻译都是依靠查表来进行的。

> 号码分析的过程分为号首分析和完全号码分析两个步骤，通过号首分析交换机知道当前呼叫属于哪种业务，然后进行全号码分析找出被叫号码到底在哪。

3）来话分析

来话分析是指有入局呼叫到来时，被叫响应之前所进行的分析。通常分析数据主要包括：被叫用户数据、被叫用户忙闲状态数据等。图 2-21 所示为来话分析示意图。

被叫用户的用户数据包括以下几种：

（1）用户状态：去话拒绝、来话拒绝、去话来话均拒绝、临时接通等。

（2）被叫的忙闲状态：被叫空、被叫忙、正在做主叫或正在做被叫、正在测试等。

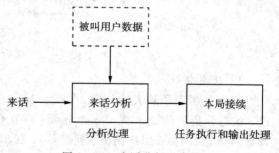

图 2-21　来话分析示意图

（3）计费类别：免费、自动计费、人工计费等。

（4）服务类别：电话暂停、三方呼叫、呼叫等待、遇忙呼叫转移和遇忙回叫等。

根据收到的用户号码，从外存中读出被叫用户的用户数据，逐项进行分析，其分析程序用户忙闲状态数据包括以下几种：

（1）被叫用户空。

（2）被叫用户忙、正在做主叫。

（3）被叫用户忙、正在做被叫。

（4）被叫用户处于锁定状态。

（5）被叫用户正在做测试。

（6）被叫用户线正在做检查等。

来话分析的一般流程如图 2-22 所示。值得注意的是，当被叫忙时，应判断用户是否登记了呼叫等待、遇忙无条件转移和遇忙回叫业务。如遇到被叫用户忙，而被叫又没有登记各种业务时，应向主叫送忙音，中止本次呼叫。

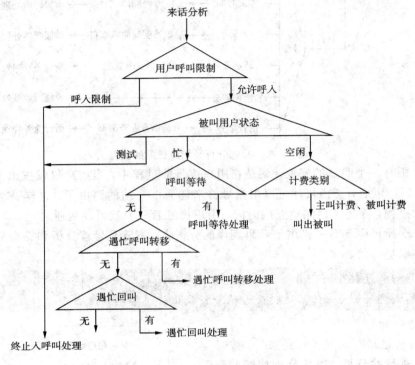

图 2-22　来话分析的一般流程

4）状态分析

状态分析表示除去话分析、号码分析和来话分析等 3 种情况之外的状态分析。概括来说，状态分析的依据来源于 3 个方面：现在稳定状态（例如：空闲还是通话状态）；电话外设输入信息（例如：用户摘机、挂机等）；提出处理要求的设备或者是任务（例如：在通话结束时，是主叫用户先挂机还是被叫用户先挂机）。

根据对呼叫处理过程特点的分析可知，整个呼叫处理过程分为若干个阶段，每个阶段可以用一个稳定状态来表示。整个呼叫处理的过程就是在一个稳定状态下，处理机监视、识别输入信号，并进行分析处理、执行任务和输出命令，然后跃迁到下一个稳定状态的循环过程。在一个稳定状态下，若没有输入信号，状态不会迁移。在同一状态下，对不同输入信号的处理是不同的。因此在某个稳定状态下，接收到各种输入信号，首先要进行的分析就是状态分析，状态分析的目的是要确定下一步的动作，即执行的任务或进一步的分析。状态分析基于当前的呼叫状态和接收的事件。

因此，交换机接收每一个事件的刺激都要通过状态分析，从而决定下一步的任务和下一个稳定状态。

3. 任务执行和输出处理

任务执行和输出处理是将分析程序分析的结果付诸实施，以使状态转移。分析程序只对输入信息进行分析，确定应该执行的任务及向哪一种稳定状态转移。而任务执行和输出处理则要去执行这些任务，控制硬件动作，使这一稳定状态转移到下一个稳定状态。

1）任务执行

任务执行是指从一个稳定状态迁移到下一个稳定状态之前，根据分析处理的结果，处理机完成相关任务的过程。在呼叫处理过程中，在某个状态下收到输入信号后，分析处理程序要进行分析，确定下一步要执行的任务。在呼叫处理状态迁移的过程中，交换机所要完成的任务主要有 7 种：

（1）分配和释放各种资源，如对 DTMF 收号器、时隙的分配和释放。

（2）启动和停止各种计时器，如启动 40 s 忙音计时器，停止 60 s 振铃计时器等。

（3）形成信令、处理机间通信消息和驱动硬件的控制命令，如接通话路命令、送各种信号音和停各种信号音命令。

（4）开始和停止计费，如记录计费相关数据等。

（5）计算操作，如计算已收号长、重发消息次数等。

（6）存储各种号码，如被叫号码、新业务登记的各种号码等。

（7）对用户数据、局数据的读写操作。

2）输出处理

在任务执行的过程中，要输出一些信令、消息或动作命令，输出处理就是完成这些信令、消息的发送和相关动作的过程。具体来说，输出处理主要包括以下几方面：

（1）送各种信号音、停各种信号音，向用户振铃和停振铃。

（2）驱动交换网络的建立或拆除通话话路。

（3）连接 DTMF 收号器。

（4）发送公共信道信令。

（5）发送线路信令和 MFC 信令。

（6）发送处理机间的通信信息。

（7）发送计费脉冲等。

（8）被叫用户振铃。

交换机在接收完被叫的地址号码以后，还要查询被叫用户的忙闲状态。如果被叫忙，交换机就向主叫送忙音。如果被叫闲，则交换机一边向主叫送回铃音，一边向被叫振铃。振铃通过控制用户电路中的铃流继电器（或高压集成开关）动作来实现。

铃流电压较高（我国规定振铃信号为 25～50 Hz，90±15 V 的交流电压），不允许进入交换网络，发送铃流的任务也由用户电路完成。振铃继电器转换接点可控制铃流的发送，振铃继电器的启动是由用户处理机的软件控制的。当需要对某用户振铃时，由控制系统送出控制信号，启动该用户电路的振铃继电器 RJ 工作，RJ 吸动后将铃流经用户线送给用户。

如果用户在铃流中断时摘机应答，则话机恰与 a、b 线相连，摘机信号可通过用户电路中的监视电路送出；如果用户在送铃流时摘机应答，振铃电路内的检测电路会立即发现，随即送出截铃信号，通知控制系统，控制系统使振铃继电器释放，停止振铃。

振铃控制信息是 1 s 续 4 s 断，从而使继电器 RJ 是 1 s 吸动，4 s 释放。吸动时，2—3 点闭合，送铃流；释放时，2—1 点闭合，铃流中断，使话机与 a、b 线接通。

继电器控制的振铃原理如图 2-23 所示。

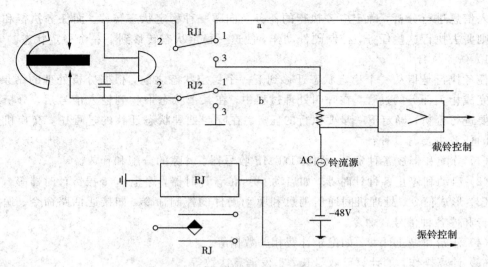

图 2-23 继电器控制的振铃原理

程控数字交换机的呼叫处理过程包括输入处理、分析处理、内部任务执行和输出处理。输入处理是对用户线、中继线等进行监视、检测和识别，然后进入队列或相应存储器，以便其他程序取用。分析处理是内部数据处理部分，根据输入信号和现有状态进行分析、判别，然后决定下一步任务。内部任务的执行和输出处理是根据分析处理结果，完成指定的任务，输出命令。

思 考 与 练 习

1．程控交换机的硬件部分可以分为_____和控制部分，其中控制部分包括_____、_____和_____。

2．呼叫处理过程可概括为以下过程：主叫用户摘机，发出呼叫请求；交换机进行_____分析，送出拨号音，准备收号；收号；进行_____分析和路由选择；被叫局进行_____分析，接通至被叫用户，向被叫用户振铃；被叫应答，通话；话终释放。

3．数字交换网络所用的接线器有 T 接线器和_____接线器两种，T 接线器有_____控制和_____控制两种方式，T 接线器由_____存储器和_____存储器两部分组成。

4．呼叫处理软件用到的半固定数据包括局数据和_____数据。

5．T-S-T 交换网络中，为使两 T 的控制存储器共用，则两 T 的话音存储器 SM 的_____应不同。

6．画出输出控制 T 接线器的结构，它共需进行 128 时隙的交换，现要进行 TS35→TS112 的信息交换，试在话音存储器和控制存储器的相应单元填上相应内容。

7．画出 HW2 上的 TS8 交换到 HW4′上，采用输出控制方式下的 S 接线器结构及状态。已知话音内容为"S"，HW 的复用度为 32（0～31），交叉矩阵为（HW1～HW8）×（HW1′～HW8′）。

第 3 章　No. 7 信令技术

【学习目标】

　　通过本章内容的学习，认识信令的概念和分类，随路信令和共路信令的区别；了解 No. 7 信令的特点，掌握 No. 7 信令系统的分层功能结构，消息传递部分各层实现的功能；掌握 No. 7 信令的三种信号单元的功能和结构，No. 7 信令 TUP 部分的消息流程；掌握 No. 7 信令网的组成、网络结构和路由选择。

【知识要点】

　　1. 信令的概念和分类

　　2. No. 7 信令的分层功能结构

　　3. No. 7 信令的信号单元格式和功能

　　4. No. 7 信令 TUP、ISUP 的消息流程

　　5. No. 7 信令网的网络结构

3.1　信令的相关概念

3.1.1　信令的定义

　　在日常生活中，我们经常打电话。当拿起送受话器，话机便向交换机发出摘机信息，紧接着我们就会听到一种连续的"嘟——"声，这是交换机发出的，告诉我们可以拨号的信息。当拨通对方后，又会听到"哒——哒——"的呼叫对方的声音，这是交换局发出的，告诉我们正在呼叫对方接电话的信息。

　　这里所说的摘机信息、允许拨号的信息、呼叫对方的回铃信息等，主要用于建立双方的通信关系，它不是传递给用户的声音信号，而是在通信设备之间传递的控制信号，它控制程控交换机的硬件发生动作，完成呼叫接续的过程。因此我们说，信令是通信设备（包括用户终端、交换设备等）之间传递的除用户信息以外的控制信号。

　　"信令"可以理解为设备和设备之间对话所使用的语言。

　　图 3-1 是两个用户通过两个交换局进行通信的过程中所使用的信令及其流程。从图 3-1 中可以看出，当主叫用户摘机时，摘机信令送到发端交换局；发端交换局立即向主叫用户送出拨号音；主叫用户听到拨号音后，开始拨号，送出拨号信令；发端交换局根据被叫号码选择局向（路由）及中继线。如有路由可利用，发端交换局向终端局发送占用信令，然后把被叫用户号码用选择信令送到终端局；终端交换局根据被叫号码，将呼叫连到被叫用户，向被叫用户发送振铃信号，并向主叫用户送回铃音；当被叫用户摘机应答时，此应

答信令送给终端交换局并将应答信令转发给发端交换局；随后双方开始通话；通话完毕，若被叫用户先挂机，则一个挂机信令由终端局发送发端局；发端交换局通知主叫用户挂机；如果主叫用户先挂机，则发端局立即拆线，并把一个拆线信令送给终端交换局，通知其拆线；终端交换局拆线后，回送一个拆线证实信令，于是一切设备复原。

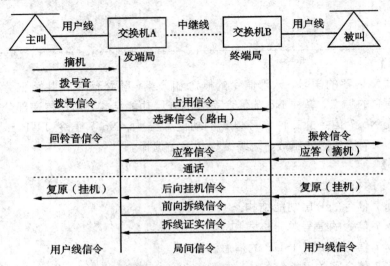

图 3-1　两个用户通信过程中的信令流程图

在这里，这些完成呼叫接续的信号就叫信令。人们接通电话，必须通过线路的传输、交换机的交换才能完成，这一系列过程的产生和完成是由信令来控制的，可以说，除了通话时的话音信号以外的控制交换机动作的信号，都属于信令的范畴。信令可以指导终端、交换系统及传输系统协同运行，可以在指定的终端之间建立临时的通信信道，并维护网络本身正常运行。信令系统是通信网的神经系统。

3.1.2　信令的分类

1. 用户线信令和局间信令

信令按照传递区域分为用户线信令和局间信令。

（1）用户线信令。用户线信令是用户话机和交换机之间的信令，它们在用户线上传送，如摘挂机信令、拨号音信令、忙音信令等，这类信令的最大特点是少而且简单。图 3-1 中主叫—发端局、终端局—被叫间传送的信令就是用户线信令。用户线信令可以分为用户状态信令、选择信令、铃流和信号音。

用户状态信令由话机叉簧产生，其功能是闭合或切断用户线直流电路，用以启动或复原局内设备，包括摘机信令、挂机信令等。用户状态信令为直流信令。

选择信令是用户拨出的被叫用户号码数字信令。在使用号盘话机及直流脉冲按键话机的情况下，发出直流脉冲信令；在使用多频按键话机的情况下，发出的信令是两个音频组成的双音多频信令。

铃流和信号音是交换机向用户设备发出的振铃信号或在话机受话器中可以听到的声音信号，如拨号音、回铃音、忙音、长途通知音、空号音等。

（2）局间信令。局间信令是指交换机与交换机之间，或交换机与网管中心、数据库之间传送的信令。这类信令比用户线信令数量要多得多，而且复杂得多。图 3-1 中发端局—终端局之间传送的信令就是局间信令。

2. 随路信令和共路信令

信令按照传递通道与话路之间的关系分为随路信令和共路信令。

(1) 随路信令。随路信令是信令和话音在同一条话路中传送的信令方式，从功能上可划分为线路信令和记发器信令。No.1 信令就是典型的随路信令。

(2) 共路信令(公共信道信令)。共路信令是将传送信令的通路与传送话音的通路分开，将信令集中在一条独立的双向信令链路上传递的信令方式。No.7 信令就是典型的共路信令。

3. 线路信令、路由信令和管理信令

信令按功能分为线路信令、路由信令和管理信令。

(1) 线路信令。线路信令具有监视功能，用来监视主、被叫的摘挂机状态及设备的忙闲，因此又叫监视信令。

(2) 路由信令。路由信令具有选择路由的功能，如主叫所拨的被叫号码，又称选择信令。

(3) 管理信令。管理信令具有可操作性，用于电话网的管理与维护，又称维护信令。

4. 前向信令和后向信令

信令按传送方向分为前向信令和后向信令。

(1) 前向信令。前向信令指由主叫端向被叫端发送的信令。

(2) 后向信令。后向信令指由被叫端向主叫端发送的信令。

5. 带内信令与带外信令

信令按传送使用的频带分为带内信令与带外信令。

(1) 带内信令。带内信令指可以在通路频带(300~3400 Hz)范围内传送的信令。

(2) 带外信令。带外信令指在通路频带外传送的信令。

3.1.3　信令方式

每一种语言都有自己约定俗成的守则和规约，信令也必须遵守相关组织规定的规则，我们称之为信令协议或信令方式。以下将从三方面对信令方式进行讨论。

1. 结构形式

(1) 未经编码的信令：其代表是 No.1 信令，按脉冲幅度、持续时间、数量等的不同来区分不同的信令，不对信号做编码处理。

(2) 已经编码的信令：其代表是 No.7 信令，一般为数字型信令，有起止式单频二进制信令(16 种)、双频二进制编码信令(5 号信令，16 种)、多频制信令(MFC，15 种)和由 8 位位组构成帧结构的共路信令等。

2. 传递方式

(1) 端到端的方式(End to end)：信号由发端局发送，终端局接收，不经转接局转发，每个转接局只接收用于选择路由的号码，选择空闲路由实现电路接续后，转接局即退出接收，不向下一局发任何号码。它对电路传输质量要求比较高，但速度快，拨号后等待时间短。

(2) 逐段转发的方式(Link by link)：信号经转接局逐段转发，每个转发局接收上一电话局发来的长途区号和被叫号码，进行路由选择接续后，将其全部号码转发给下一电话局。它对线路要求低，信令在多段路由上类型多，信令传送速度慢，接续时间长。

（3）混合方式：是上述两种方法混和使用的方式。

对 No.1 信令来说，通常情况下使用端到端的方式，只有在劣质线路时，采用逐段转发方式。对 No.7 信令来说，当只有 MTP 和 TUP 时，采用逐段转发的方式，加入 SCCP 后，就采用端到端的方式。

3. 控制方式

（1）非互控：类似全双工的概念，也就是甲方向乙方发送信令不受乙方的控制，乙方同样如此。双方不必等对方的响应就可以采取下一步举措，如 No.7 信令。

（2）半互控：类似汽车调度的半双工方式，一方接受另一方的信息后才能决定下一步的动作，而另一方并不受控制。

（3）全互控：双方互相控制，协调完成工作，如 No.1 信令。

3.1.4　随路信令方式

随路信令（CAS）指信令和话音在同一条话路中传送的信令方式，信令传送示意图见图 3-2。随路信令的传送速度慢，信息容量有限，不能传递与呼叫无关的信令，主要用于步进制、纵横制及早期的程控交换机构成的电话网络。

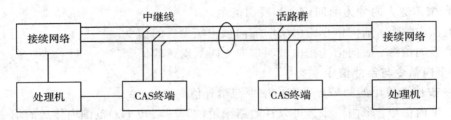

图 3-2　随路信令方式的信令传送示意图

CCITT 于 1934 年提出的 No.1 信令就是采用单频信号实现国际人工业务的随路信令方式。在我国使用的 No.1 信令系统称为中国 1 号信令系统，是国内 PSTN 网最早普遍使用的信令。

局间信令采用随路信令方式时，从功能上可划分为线路信令和记发器信令。

1. 线路信令

线路信令是指监视中继线上的呼叫状态的信令，如占用、示闲、占用证实、应答、拆线等。线路信令在多段路由上的传送方式采用逐段转发方式，控制方式为非互控，即脉冲方式。它可以分为如下几类。

（1）直流线路信令。直流线路信令用直流极性标志的不同，代表不同的信令含义。直流线路信令共有 19 种，主要用于纵横制与步进制交换机间的配合。

（2）带内（外）单脉冲线路信令。局间采用频分多路复用的传输系统时，可采用带内或带外单脉冲线路信令。带内单脉冲线路信令一般选择音频带内的 2600 Hz，这是因为话音中 2600 Hz 的频率分量较少而且能量较低的缘故。带外信令是利用载波电路中两个话音频带之间的某个频率来传送信令，一般采用单频 3825 Hz 或 3850 Hz。由于带外信令所能利用的频带较窄等原因，因此，线路信令一般均采用带内单脉冲线路信令。

（3）数字型线路信令方式。当局间采用 PCM 设备时，局间的线路信令必须采用数字型线路信令。

　　CCITT 推荐的数字型线路信令有两种：一种是在 30/32 路 PCM 系统中使用，另一种是在 24 路 PCM 系统中使用。第一种在欧洲地区使用，我国也采用这一种。

　　在这种信令方式中，PCM 传输的 16 时隙用于传输线路信令，且固定分配给每一话路。由于线路信令主要用于中继线上呼叫状态的监视并控制呼叫接续的进行。因此，在整个呼叫过程中都可传送线路信令。

2. 记发器信令

　　记发器信令是指电话自动接续中，在记发器之间传送的控制信令，主要包括选择路由所需的选择信令（也称地址信令或数字信令）和网络管理信令。

　　记发器信令在用户通话前传送，因此在一条电路上不存在话音电流对记发器信令的干扰。故记发器信令的频率可使用整个话音频带内传输衰减较低的频率。通话开始后，各局的记发器都复原，记发器信令也随即停止发送。

　　记发器信令按照其承载传送方式采用最为普遍的是多频互控方式，即 MFC 方式。其前向信令和后向信令都是连续的，对每一前向信令都需加以证实。这也是我国记发器信令所采用的信令方式。

3.1.5　共路信令方式

　　共路信令（CCS）用于局间信令的传送，也称公共信道局间信令方式，它是在存储程序控制的交换机和数字脉冲编码技术发展的基础上发展起来的一种新的信令方式，共路信令的信令传送示意图如图 3-3 所示。

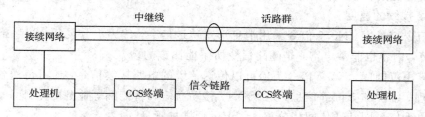

图 3-3　共路信令的信令传送示意图

　　由图 3-3 可见，公共信道信令方式具有如下基本特征。

1. 分离性

　　分离性是指信令传输通道与话路完全分开，信令和用户信息在各自的通信信道上传送。

2. 独立性

　　独立性是指信令通道与用户信息通道之间不具有时间位置的关联性，彼此相互独立。

　　我国现在使用的 No. 7 信令技术就是典型的公共信道信令方式。公共信道信令具有传送速度快、信令容量大、可传递大量与呼叫无关的信令的特点，便于信令功能的扩展，便于开放新业务，可适应现代通信网的发展。

3.2　No. 7 信令的特点

3.2.1　No. 7 信令的产生

　　CCITT 提出的第一个公共信道信令方式是 CCITT No. 6 信令方式，信令传输速率为

2.4 kb/s，其设计目标是用于模拟电话网，但是该信令方式不能满足通信发达国家发展综合业务数字网的需要。

ITU-T 于 1973 年开始了对第二个公共信道信令方式（即 No.7 信令方式）的研究，现已进行了四个研究期的研究，期间提出了一系列的技术建议。1980 年 ITU-T 第一次正式提出了 No.7 信令的建议，即黄皮书；1984 年在红皮书中加入了 ISDN 应用；1988 年在蓝皮书中使 No.7 信令的分层结构尽量向七层模型靠近；1992 年在白皮书中继续进一步完善新的功能和程序。目前，ITU-T 的第 11 工作组仍在继续宽带网络中信令技术的研究工作。

目前，世界上越来越多的国家采用这种信令方式。我国在 20 世纪 80 年代中期就开始了 No.7 信令系统的研究、实施和应用。1985 年首先在北京、广州、天津等大城市的同一制式交换机间采用了 No.7 信令系统，并以 ITU-T 建议为基础陆续制定并完善了我国的 No.7 信令规范。No.7 信令技术已广泛应用于我国的电话网、ISDN 网、智能网和移动通信网中。

3.2.2　No.7 信令的特点

1. 优点

No.7 信令的优点主要有以下几点：

（1）信道利用率高。一条 No.7 信令链路所服务的话路数目可以达到 2000 到 3000 条左右。与之形成鲜明对比的是，在随路信令中，一个复帧（含 16 帧）的 15 个 TS16 时隙（首帧的 TS16 用于复帧同步）仅能传送 30 条话路的信息。

（2）传递速度快。No.7 信令消息采用与话路彻底分开的单独的 64 kb/s 的通道传递，大大提高了接续的速度。

（3）信令容量大。No.7 信令采用消息形式传送信令，编码十分灵活；消息最大长度为 272 个字节，内容也非常丰富，是随路信令所不能比拟的。

（4）应用范围广。No.7 信令不但可以传送传统的电路接续信令，还可传送各种与电路无关的管理、维护和查询等信息，是 ISDN、移动通信和智能网等业务的基础。

（5）由于信令网和通信网相分离，便于运行维护管理。

（6）技术规范可以方便地扩充，可适应未来信息技术和未知业务发展的要求。

2. 缺点

No.7 信令的缺点主要有以下两点：

（1）由于 No.7 信令系统中的一条链路可以为上千条话路提供服务，因此对链路的可靠性要求相对于随路信令来说就高得多。一旦某条信令链路出现问题，相应的话路将受到影响。

（2）各个厂家的 No.7 信令产品在兼容性上会产生一定的问题。

3.3　No.7 信令的功能结构

3.3.1　No.7 信令的分层功能结构

1988 年发表的蓝皮书中建议，No.7 信令方式的分层功能结构如图 3-4 所示。由图 3-4 可见，No.7 信令系统从功能上可以分为公用的消息传递部分（MTP）和适合不同用户的独立的用户部分（UP），采用 No.7 信令功能分级和 OSI 分层模式的混合结构。

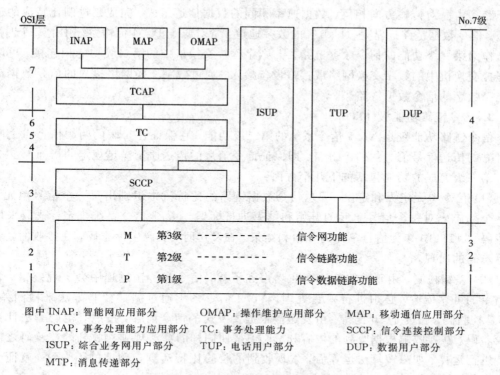

图中 INAP：智能网应用部分　　　　OMAP：操作维护应用部分　　　MAP：移动通信应用部分

　　TCAP：事务处理能力应用部分　　TC：事务处理能力　　　　　SCCP：信令连接控制部分

　　ISUP：综合业务网用户部分　　　TUP：电话用户部分　　　　　DUP：数据用户部分

　　MTP：消息传递部分

图 3 - 4　No.7 信令方式的分层功能结构

　　MTP 消息传递部分的功能是作为一个公共传递系统，在相对应的两个用户部分之间可靠地传递信令消息，即确保消息无差错地由源端传送到目的地，它只负责消息的传递，并不处理消息本身的内容。消息传递部分包括信令数据链路功能、信令链路功能和信令网功能。

　　用户部分则是使用消息传递部分传送能力的功能实体。每个用户部分都包含其特有的用户功能或与其有关的功能。目前，CCITT 建议使用的用户部分主要有：电话用户部分（TUP）、数据用户部分（DUP）、综合业务数字网用户部分（ISUP）、信令连接控制部分（SCCP）、移动通信用户部分（MAP）、事务处理能力应用部分（TCAP）、操作维护应用部分（OMAP）及信令网维护管理部分。

　　从图 3 - 4 可以看出，相当于 OSI 参考模型的前三层由消息部分（MTP）和信令连接控制部分（SCCP）组成。其中 MTP 的第一级信令数据链路相当于 OSI 的物理层，MTP 的第二级信令链路功能相当于 OSI 的数据链路层，而 MTP 的第三级信令网功能和 SCCP 合起来是 OSI 的第 3 层网络层，在 No.7 信令方式中将上述 OSI 的前三层称为网络业务部分（NSP）。对于 No.7 信令方式的 OSI 模型的 4～7 层，只形成了第 7 层应用层的建议（TCAP），有关 4～6 层协议仍在研究中。

3.3.2　消息传递部分（MTP）

　　No.7 信令的消息传递部分包括信令数据链路功能、信令链路功能和信令网功能。

1. 信令数据链路级（MTP 第一层）

　　信令数据链路级是 No.7 信令系统的第一级功能。这一级功能定义了信令数据的物理、电气和功能特性，并规定了与数据链路连接的方法，提供全双工的双向传输通道。信令数据链路是由一对传输方向相反、数据速率相同的数据信道组成，完成二进制比特流的透明传递。信令数据链路通常是 64 kb/s 的数字通道，常对应于 PCM 传输系统中的一个时隙。

作为第一级功能的信令数据链路要与数字程控交换机中的第二级功能相连接，可以通过程控交换机中的数字交换网络或接口设备接入。通过数字交换网络接入的信令数据链路只能是数字的信令数据链路。

2. 信令链路功能级(MTP2)

信令链路功能级是 No.7 信令系统的第二级功能，它保证在直联的两个信令点之间提供可靠的传送信号消息的信令链路，即保证信令消息的传送质量满足规定的指标。

第二级完成的功能包括如下几个方面：

(1) 信令单元定界和定位。要从信令数据链路的比特流中识别出每一个信号单元，应有一个标志码对每个信号单元的开始和结束进行标识。No.7 信令系统规定标志码采用固定编码 01111110 作为信号单元的开始和结束。在发送时，要产生标志码；在接收时，要检测标志码的出现。

(2) 差错检测。由于传输信道存在噪声和干扰，信令在传输过程中会出现差错。为保证信令的可靠传输，必须进行差错处理。No.7 信令系统通过循环校验方法来检测差错。CK 是校验码，长度是 16 比特。由发送端根据要发送的信令内容，按照一定的算法计算产生校验码。在接收端根据收到的内容和 CK 值按照同样的算法规则对收到的校验码之前的比特进行运算。如果按算法运算后，发现收到的校验比特运算与预期的不一致，就证明有误，即舍弃该信号单元。

(3) 差错校正。差错校正的作用是出现差错后重新获得正确的信号单元。No.7 信令方式采用重发纠错，即在接收端检出错误后要求发送端重发。

(4) 初始定位。初始定位过程是首次启用或发生故障后恢复信令链路时所使用的控制程序。

执行初始定位过程是通过信令链路两端交换链路状态信令单元(LSSU)实现的。

(5) 信令链路差错率监视。监视信令链路的差错率可以保证良好的服务质量。当信令链路差错率达到一定的门限值时，应判定此信令链路故障。有两种差错率监视过程，分别用于不同的信号环境。一种是信号单元差错率监视，适用于在信令链路开通业务后使用；另一种是定位差错率监视，在信令链路处于初始定位过程的验证状态中使用。

(6) 流量控制。流量控制用来处理第二级检出的拥塞状态，防止信令链路的拥塞扩散，并最终恢复链路的正常工作状态。

当信令链路接收端检出拥塞时，将停止对消息信号单元的肯定/否定证实，并周期地发送状态指示为 SIB(忙指示)的链路状态信号单元，以使对端可以区分是拥塞还是故障。当信令链路接收端的拥塞状况消除时，停发 SIB，恢复正常运行。

(7) 处理机故障控制。当由于第二级以上功能级的原因使得信令链路不能使用时，就认为处理机发生了故障。处理机故障是指信号消息不能传送到第三级或第四级，这可能是由于中央处理机故障，也可能是由于人工阻断一条信令链路。

当第二级收到了第三级发来的指示识别到第三级故障时，则判定为本地处理机故障，并开始向对端发状态指示(SIPO)，并将其后所收到的消息信令单元舍弃。当处理机故障恢复后将停发 SIPO，改发信令单元，信令链路进入正常状态。

3. 信令网功能级(MTP3)

信令网功能级是 No. 7 信令系统中的第三级功能,它在信令网正常工作的情况下,保证将信令消息送往相应的用户部分;在信令链路和信令转接点发生故障的情况下,为保证信令网仍能可靠地传递各种信令消息,提供网络重组结构能力,规定在信令点之间传送信令网管理消息的功能和程序。

信令网的功能分两大类:信令消息处理功能和信令网管理功能。

1) 信令消息处理功能

信令消息处理(SMH)功能的作用是实际传递一条信令消息时,保证源信令点的某个用户部分发出的信令消息能准确地传送到所要传送的目的信令点的同类用户部分。信令消息处理由消息识别、消息分配和消息路由三部分功能组成,它们之间的结构关系如图 3－5 所示。

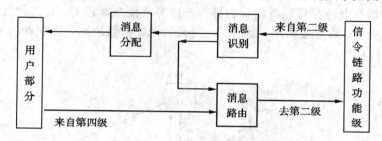

图 3－5 信令消息处理功能结构

(1) 消息识别。 消息识别(MDC)功能接收来自第二级的消息,根据消息中的 DPC 以确定消息的目的地是否是本信令点。如果目的地是本信令点,消息识别功能将消息传送给消息分配功能;如果目的地不是本信令点,消息识别功能将消息发送给消息路由功能转发出去。后一种情况表示本信令点具有转接功能,即信令转接点(STP)功能。

(2) 消息分配。消息分配(MDT)功能接收到消息识别功能发来的消息后,根据信令单元中的业务信息字段的业务指示码(SIO)的编码来分配给相应的用户部分以及信令网管理和测试维护部分。凡到达了消息分配的消息,肯定是由本信令点接收的消息。

(3) 消息路由。消息路由(MRT)功能完成消息路由的选择,也就是利用路由标记中的信息(DPC 和 SLS)为信令消息选择一条信令链路,以使信令消息能传送到目的信令点。

① 消息的来源。送到消息路由的消息有以下几类:

· 从第四级发来的用户信令消息;

· 从第三级信令消息处理中的消息识别功能发来的要转发的消息(当作为信令转接点时);

· 第三级产生的消息,这些消息来自信令网管理和测试维护功能,包括信令路由管理消息、信令链路管理消息、信令业务管理消息和信令链路测试控制消息等。

② 路由选择。对于要发送的消息,首先检查去目的地(DPC)的路由是否存在。如果不存在,将向信令网管理中的信令路由管理发送"收到去不可达信令点的消息";如果去 DPC 的路由存在,就按照负荷分担方式选择一条信令链路,并将待发的消息传送到第二级。

③ 路由标记。路由标记位于消息信号单元(MSU)的信令信息字段(SIF)的开头,路由标记包含以下内容:目的信令点编码(DPC:Destination Point Code)、源信令点编码(OPC:Originating Point Code)、信令链路选择码(SLS：Signaling Link Selection)。

DPC 是消息所要到达的目的地信令点的编码,OPC 是消息源信令点的编码,SLS 是用于负荷分担时选择信令链路的编码。

2）信令网管理功能

信令网管理的目的是在已知的信令网状态数据和信息的基础上，控制消息路由和信令网的结构，以便在信令网出现故障时可以完成信令网的重新组合，从而恢复正常的信令业务传递能力。它由以下三个功能过程组成：信令业务管理、信令链路管理和信令路由管理。

（1）信令业务管理。信令业务管理功能用来将信令业务从一条链路或路由转移到另一条或多条不同的链路或路由，或在信令点拥塞时，暂时减少信令业务。信令业务管理功能由以下过程组成：倒换、倒回、强制重选路由、受控重选路由、信令点再启动、管理阻断和信令业务流量控制。

① 倒换。当信令链路由于故障、阻断等原因成为不可用时，倒换程序用来保证把信令链路所传送的信令业务尽可能地转移到另一条或多条信令链路上。在这种情况下，该程序不应引起消息丢失、重复或错序。如图 3－6 所示，AB 链路故障，信令点 A 和信令转接点 B 均实行倒换过程。

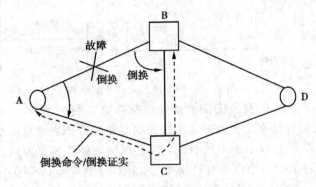

图 3－6　倒换过程

② 倒回。倒回程序完成的行动与倒换相反，是把信令业务尽可能快地由替换的信令链路倒回已可使用的原链路上。在此期间，消息不允许丢失，重复和错序。

③ 强制重选路由。当达到某给定目的地的信令路由成为不可用时，该程序用来把到那个目的地的信令业务尽可能快地转移到新替换的信令路由上，以减少故障的影响。

④ 受控重选路由。当达到某给定目的地的信令路由成为可用时，使用该程序把到该目的地的信令业务从替换的信令路由转回到正常的信令路由。该程序完成的行动与强制重选路由相反。

⑤ 管理阻断。当信令链路在短时间内频繁地倒换或信号单元差错率过高时，需要用该程序向产生信令业务的用户部分标明该链路不可使用。管理阻断是管理信令业务的一种措施，在管理阻断程序中，信令链路标志为"已阻断"，可发送维护和测试消息，进行周期性测试。

⑥ 信令点再启动。当一个信令点由于出现故障或管理方面的原因，不能够确认其存储的路由数据是否在有效的情况下而使用的信令点的重新启动程序。

⑦ 信令业务流量控制。当信令网因网络故障或拥塞而不能传送用户产生的信令业务时，使用信令流量控制程序来限制信令业务源点发出的信令业务。

（2）信令路由管理。信令路由管理功能用来在信令点之间可靠地交换关于信令路由是否可用的信息，并及时地闭塞信令路由或解除信令路由的闭塞。它通过禁止传递、受限传递和允许传递等过程在信令点间传递信令路由的不可利用,受限及可用情况。

①　禁止传递(TFP)。当一个信令转接点需要通知其相邻点不能通过它转接去往某目的信令点的信令业务时,将启动禁止传递过程,向邻近信令点发送禁止传递消息。收到禁止传递消息的信令点,将实行强制重选路由。

②　允许传递(TFA)。允许传递的目的是通知一个或多个相邻信令点,已恢复了由此 STP 向目的点传递消息的能力。

③　受控传递(TFC)。受控传递的目的是将拥塞状态从发生拥塞的信令点送到源信令点。

④　信令路由组测试。信令路由组测试的目的是测试去某目的地的信令业务能否经邻近的 STP 转送。当信令点从邻近的 STP 收到禁止传递消息 TFP 后,开始进行周期性的路由组测试。

⑤　信令路由组拥塞测试。信令路由组拥塞测试的目的是通过测试了解是否能将某一拥塞优先级的信令消息,发送到目的地。

(3) 信令链路管理。信令链路管理的目的是在信令网中恢复、启用和退出信令链路,并保证能够提供一定的预定的链路群的能力。其包含下述三种程序:①　基本的信令链路管理程序;②　自动分配信令终端;③　自动分配信令终端和信令数据链路。

在信令网中,可以采用上面的三种程序之一进行信令链路管理。根据我国电话网的实际情况,我国在《中国电话网 No. 7 信令方式技术规范》(暂行规定)中确定,只使用基本的信令链路管理程序。基本的信令链路管理程序由人工分配信令链路和信令终端构成,也就是说有关信令数据链路和信令终端的连接关系是由局数设定的,并可用人机命令修改。

3.3.3　用户部分(UP)

用户部分包含 No. 7 信令系统的第 4、5、6、7 功能级。目前的应用有电话用户部分 TUP、综合业务数字网用户部分 ISUP、事物处理能力部分 TC 等。

TUP 处理与电话呼叫有关的信令,如呼叫的建立、监视、释放等。TUP 消息分为前后向建立、呼叫监视、电路和电路群监视、网管等若干个消息组,每个消息组中包含若干个消息。每一个消息发送时被放在一个信令单元中。

ISUP 在 ISDN 环境中提供话音和非话音业务所需的功能,以支持 ISDN 基本业务及补充业务。ISUP 具有 TUP 的所有功能,因此它可以代替 TUP。

3.3.4　信令连接控制部分 SCCP

SCCP 是用户部分的一个补充功能级,也为 MTP 提供了附加功能。SCCP 提供数据的无连接和面向连接业务。无连接业务是指用户部分不需事先建立信号连接就可以通过信令网传递信令消息,这样就可将一个用户部分的数据迅速送到信令网上的另一个用户部分去。在智能网和移动网的业务中,有很多这样的数据需要在信令网中传递,如移动用户的鉴权、智能用户的账号查询等。面向连接业务是在用户部分传递数据之前,在 SCCP 之间传递控制信息,实现信令网的维护和管理。

3.3.5　事务处理应用部分 TCAP

TCAP 是 No. 7 信令系统为各种通信网络业务提供的接口,如移动业务、智能业务等,

TCAP 为这些网络业务的应用提供信息请求、响应等对话能力。TCAP 是一种公共的规范，与具体应用无关。具体应用部分通过 TCAP 提供的接口实现消息传递，如移动通信应用部分 MAP 通过 TCAP 完成漫游用户的定位等业务；智能网应用部分 INAP 通过 TCAP 实现 SCP 数据库登记和数据查询等功能。

3.4 No.7 信令的信号单元

3.4.1 基本的信令单元

在 No.7 信令系统中，所有的消息都是以信令单元的形式发送的。信令单元是一个数据块，类似于分组交换中的分组，用于传送用户信息的消息信号单元以可变长度的形式发送。根据不同的功能，No.7 信令单元可分为如下三类。

1. 消息信号单元（MSU）

MSU 为真正携带消息的信号单元，用于传送各用户部分的消息、信令网管理消息及信令网测试和维护消息。

2. 链路状态信号单元（LSSU）

LSSU 为传送网络链路状态的信号单元，用于提供链路状态信息，以便完成信令链路的接通、恢复等控制。

3. 填充信号单元（FISU）

FISU 不含任何信息，用于在网络节点没有信息需要传送的时候向对方发送空信号，是用以维持信令链路正常工作的、起填充作用的信令单元。

各基本信令单元的格式如图 3-7 所示。三种信号单元都在信令网中传递，但其用途不

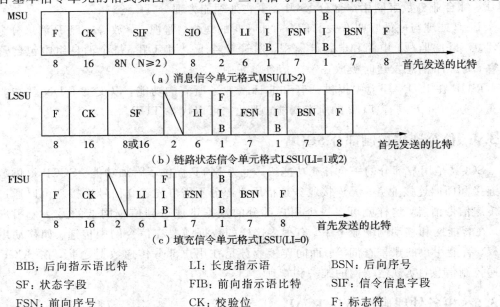

BIB：后向指示语比特   LI：长度指示语   BSN：后向序号

SF：状态字段   FIB：前向指示语比特   SIF：信令信息字段

FSN：前向序号   CK：校验位   F：标志符

SIO：业务信息八位位组

图 3-7 基本信令单元格式

同，通过长度指示位 LI 可以很容易地区分。当 LI>2 时，该单元为 MSU；当 LI=1 或 2 时，该单元为 LSSU；当 LI=0 时，该单元为 FISU。MSU 传递了真正的用户信息，发收在第三级或以上，LSSU 和 FISU 都发于第二级，收于第二级。

3.4.2　信令单元的格式及编码

由图 3-7 可见，No.7 信令方式的信令单元从结构上可大体分为两部分，一部分是各种信令单元所共有的 MTP 部分处理的必备部分，另一部分则是用户部分处理的信令信息部分。

各种信令单元所共有的 MTP 处理的必备部分主要包括：标志符(F)、前向序号(FSN)、前向指示语比特(FIB)、后向序号(BSN)、后向指示语比特(BIB)、长度指示语(LI)、校验位(CK)、状态字段(SF)和业务信息八位位组(SIO)各字段。

1. 标志符(F)

标志符也称标记符、分界符。每个信令单元的开始和结尾都有一个标志符。在信令单元的传输中，每一个标志符标志着上一个信令单元的结束、下一个信令单元的开始。标志符规定为 8 位二进制代码 01111110。

除了信令单元的分界作用外，在信令链路过负荷的情况下，还可以在信令单元之间插入若干个标志符，以取消控制、减轻负荷。

2. 前向序号(FSN)

前向序号表示被传递的消息信令单元的序号，长度为 7 个比特。在发送端，每个传送的消息信令单元都分配一个前向序号(FSN)，并按 0~127 顺序连续循环编号。在接收端，接收的消息信令单元中的前向序号用于检测消息信令单元的顺序，并作为证实功能的一部分。在需要重发时，也用它来识别需重发的信令单元。填充信令及链路状态信令单元的 FSN，使用最后一次发送的消息信令单元序号(FSN)，不重新编制序号。

3. 前向指示语比特(FIB)

占用一个比特，前向指示语比特在消息信令单元的重发程序中使用。在无差错工作期间，它具有与收到的后向指示比特相同的状态。当收到的后向指示比特(BIB)变换值时，说明请求重发。信令终端在重发消息信令单元时，也将改变前向指示比特的值(由"1"变为"0"或由"0"变为"1")，与后向指示比特值保持一致，直到收到再次请求重发时后向指示比特变化为止。

4. 后向序号(BSN)

后向序号表示被证实的消息信令单元的序号，是接收端向发送端回送的被证实的(已正确接收的)消息信令单元的序号。当请求重发时，BSN 指出开始重发的序号。

前向序号和后向序号对已发出但未证实的信令单元的极限值为 127 个。

5. 后向指示语比特(BIB)

后向指示语比特用于对收到的错误信令单元提供重发请求。若收到的消息信令单元正确，则在发送新的信令单元时其值保持不变；若收到的有错误，则该比特反转(即由"0"变为"1"或由"1"变为"0")发送，要求对端重发有错误的消息信令单元。

6. 长度指示语(LI)

长度指示语用来指示位于长度指示码八位位组之后和检验比特(CK)之前八位位组的数目，以区别三种信令单元。

长度指示语字段为 6 比特，用二进制码表示 0~63 的数(十进制)。

三种形式信令单元的长度指示码分别为：

长度指示码 LI＝0　　　　　　　插入信令单元

长度指示码 LI＝1 或 2　　　　　链路状态信令单元

长度指示码 LI＞2　　　　　　　消息信令单元

在国内信令网中，当消息信令单元中信令信息字段多于 62 个八位位组时，长度指示码一律取 63。但当 LI＝63 时，其指示的最大长度不得超过 272 个八位位组。

7. 检验位（CK）

检验位用于信令单元的差错检测，由 16 个比特组成。

上述介绍的 7 个字段是三种信令单元中共同设置的，每个信令单元缺一不可。

8. 状态字段（SF）

状态字段是链路状态信令单元（LSSU）中特有的字段，用来表示信令链路的状态。SF 字段的长度可以是一个八位位组（8 位）或两个八位位组（16 位）。SF 字段是一个八位位组时，链路状态指示如下：

SF 字段 CBA

000　　　状态指示"O"　　失去定位

001　　　状态指示"N"　　正常定位

010　　　状态指示"E"　　紧急定位

011　　　状态指示"OS"　　业务中断

100　　　状态指示"OP"　　处理机故障

101　　　状态指示"B"　　链路拥塞

通常也称上述状态指示为 SIO、SIN、SIE、SIOS、SIOP 和 ISB。

9. 业务信息八位位组（SIO）

业务信息八位位组字段是消息信令单元特有的字段，由业务指示语（SI）和子业务字段（SSF）两部分组成。如图 3-8 所示，该字段长 8 比特，业务指示语和子业务字段各占 4 比特。

子业务字段SSF		业务指示码SI	
DCBA	含义	DCBA	含义
0000	国际网络	0000	信令网管理消息
0100	国际备用	0001	信令网测试和维护消息
1000	国内网络	0010	备用
1100	国内备用	0011	信令连接控制部分SCCP
		0100	电话用户部分TUP
		0101	综合业务数字网用户部分ISUP
		0110	数字用户部分DUP
		0111	数字用户部分DUP
		其余	备用

图 3-8　业务信息八位位组格式及编码

（1）SSF。子业务字段由 4 个比特构成。其中高二位为网络指示语，低二位目前备用，编码为 00。网络指示语用来区分所传递的消息的网络性质，即属于国际信令网消息还是国内信令网消息。SSF 字段的编码及网络分配如图 3-8 所示。

（2）SI。业务指示语用来指示所传送的消息属于哪一个指定的用户部分。在信令网的消息传递部分，消息处理功能将根据 SI 指示，把消息分配给某一指定的用户部分。

业务指示语（SI）的编码分配如图 3-8 所示，SI 的容量可用来指示 16 种不同的用户部分消息，图中列出的只是常用的几种。

各用户部分处理的信令信息部分是消息信令单元格式中的信令信息字段 SIF。从图 3-7 中可以看出，信令信息字段（SIF）是消息信令单元特有的字段，由消息寻址的标记、用户信令信息的标题、用户信令信息三个部分组成。

① 标记。No. 7 信令方式采用明确的标记方式。标记格式明确指示出源信令点编码 OPC 和目的地信令点编码 DPC。标记的一部分还用于电路标识或路由选择。

② 标题。标题（lable）是紧接着标记后的一个字段。由 H_1 和 H_0 两部分组成，各占 4 比特，用以指示消息的分群和类别。例如，在电话用户消息中，当 $H_0 = 0001$、$H_1 = 0001$ 时，表示传递的消息是初始地址消息（IAM），$H_0 = 0001$，$H_1 = 0100$ 时，表示传递的消息是地址全消息（ACM）。由于 H_1 和 H_0 各占 4 比特，因此一种用户消息的容量最大为 256 个消息。

③ 信令信息。信令信息部分也称业务信息部分。该部分又可分为几个子字段，这些子字段可以是必备的或是任选的；同时它们也可以是固定长或是可变长的；以便满足各种功能及扩充的需要。这也使得消息信令单元具有适用于不同用户消息的特点，并使多种用户消息可在公共的信道传送成为可能。

3.5　电话用户部分(TUP)

电话用户部分是 No. 7 信令系统的第四级功能级，它定义了用于电话接续的各类局间信令。与以往的随路信令系统相比，No. 7 信令提供了丰富的信令信息，不仅支持基本的电话业务，还可以支持部分用户补充业务。

3.5.1　TUP 消息的一般格式

对于 TUP 消息，消息的传递方式是封装在 MSU 信令单元格式中传递的，如图 3-9 所示。

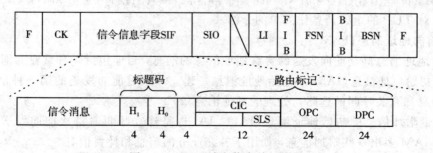

图 3-9　TUP 消息信令单元格式

电话用户消息的内容是在消息信令单元（MSU）中的信令信息字段（SIF）中传递的，SIF 由路由标记、标题码及信令消息三部分组成。

1. 路由标记

TUP 消息的路由标记由 OPC、DPC 和 CIC 三部分组成，CIC 是电路识别码，分配给不同的电话话路，表示 No.7 信令消息 OPC 和 DPC 之间相连话路的编码。其中，CIC 为 12 bit，SLS 采用 CIC 的最低 4 bit。对于 2 Mb/s 的数字通路，CIC 最低位的 5 bit 是话路时隙编码，其余 7 bit 是源信令点 OPC 和目的信令点 DPC 之间的 PCM 系统号码。

2. 标题码

所有电话信令消息都有标题码，用来指明消息的类型。从图 3-9 中可以看出标题码由两部分组成，H_0 代表消息组编码，H_1 是具体的消息编码。

3.5.2　TUP 消息内容和作用

国内 TUP 消息总数为 57 个(13 个消息组)，实际使用 46 个(11 个消息组)，如表 3-1 所示。

表 3-1　TUP 消息

消息组	H_1\\H_0	0000	0001	0010	0011	0100	0101	0110	0111	1000	1001	1010	1011	1100	1101	1110	1111
	0000																
FAM	0001		IAM	IAI	SAM	SAO											
FSM	0010		GSM		COT	CCF											
BSM	0011		GRQ														
SBM	0100		ACM	(CHG)													
UBM	0101		SEC	CGC	(NNC)	ADI	CFL	SSB	UNN	LOS	SST	ACB	DPN				EUM+
CSM	0110	(ANU)	ANC	ANN	CBK	CLF	RAN	(FOT)	CCL								
CCM	0111		RLG	BLO	BLA	UBL	UBA	CCR	RSC								
GRM	1000		MGB	MBA	MCE	MUA	HGB	HBA	HGU	HUA	GRS	GRA	SGB	SBA	SGU	SUA	
	1001		备用														
CNM	1010		ACC	国际和国内备用													
	1011																
NSB	1100		MPM	国内备用													
NCB	1101		OPR														
NUB	1110		SLB	STB													
NAM	1111		MAL														

注：FOT 在国际半自动接续中使用；NNC 只在国际网中使用；SSB 只在国际网中使用；ANU 和 CHG 暂不使用。

这里对 TUP 的主要消息作简单的介绍。

1. 前向地址消息(FAM)

前向地址消息群是前向发送的含有地址信息的消息，目前包括 4 种重要的消息。

(1) 初始地址消息(IAM)。初始地址消息是建立呼叫时前向发送的第一种消息，它包括地址消息和有关呼叫的选路与处理的其他消息。

(2) 带附加信息的初始地址消息(IAI)。IAI 也是建立呼叫时首次前向发送的一种消息，但比 IAM 多出一些附加信息，如用于补充业务的信息和计费信息。

在建立呼叫时，可根据需要发送 IAM 或 IAI。

(3) 后续地址消息(SAM)。SAM 是在 IAM 或 IAI 之后发送的前向消息，包含了进一步的地址消息。

(4) 带一个信号的后续地址消息(SAO)。SAO 与 SAM 的不同在于 SAO 只带有一个地址信号。

2. 前向建立消息（FSM）

前向建立消息是跟随在前向地址消息之后发送的前向消息，包含建立呼叫所需的进一步的信息。

（1）一般前向建立消息（GSM）。GSM 是对后向的一般请求消息（GRQ）的响应，包含主叫用户线信息和其他有关信息。

（2）导通检验消息（COT 或 CCF）。导通检验消息仅在话路需要导通检验时发送。是否需要导通检验，由在前方局发送 IAM 中的导通检验指示码中指明。导通检验结果可能成功，也可能不成功。成功时发送导通消息 COT，不成功时则发送导通失败消息 CCF。

3. 后向建立消息（BSM）

目前规定了一种后向建立消息：一般请求消息（GRQ）。BSM 是为建立呼叫而请求所需的进一步信息的消息，GRQ 是用来请求获得与一个呼叫有关信息的消息。GRQ 总是和 GSM 消息成对使用的。

4. 后向建立成功消息（SBM）

SBM 是发送呼叫建立成功的有关信息的后向消息，目前包括两种消息：地址全消息和计费消息。

（1）地址全消息（ACM）。地址全消息是一种指明地址信号已全部收到的后向信号，收全是指呼叫至某被叫用户所需的地址信号已齐备。地址全消息还包括相关的附加信息，如计费、用户空闲等信息。

（2）计费消息。计费消息（CHG）主要用于国内消息。

5. 后向建立不成功消息（UBM）

后向建立不成功消息包含各种呼叫建立不成功的信号。

（1）地址不全信号（ADI）。在收到地址信号的任一位数字后延时了 15 s～20 s，所收到的电话号码位数仍不足而不能建立呼叫时，将发送 ADI 信号。

（2）拥塞信号。拥塞信号包含交换设备拥塞信号（SEC）、电路群拥塞信号（CGC）以及国内网拥塞信号（NNC）。一旦检出拥塞状态，不等待导通检验的完成就应发送拥塞信号。任一 No. 7 交换局收到拥塞信号后立即发出前向拆线信号，并向前方局发送适当的信号或向主叫送拥塞音。

（3）被叫用户状态信号。被叫用户状态信号是后向发送的表示接续不能到达被叫的信号，包括用户忙信号（SSB）、线路不工作信号（LOS）、空号（UNN）和发送专用信息音信号（SST）。被叫用户状态信号不必等待导通检验完成即应发送。

（4）禁止接入信号（ACB）。ACB 用来指示相容性检验失败，从而呼叫被拒绝。

6. 呼叫监视消息（CSM）

（1）应答信号（ANC）。只有被叫用户摘机才发送应答信号，根据被叫号码可以确定计费与否，从而发送应答、计费或应答、不计费信号。

（2）后向拆线信号（CBK）。CBK 表示被叫用户挂机。

（3）前向拆线信号（CLF）。交换局判定应该拆除接续时，就前向发送 CLF 信号。通常是在主叫用户挂机时产生 CLF 信号。

（4）再应答信号（RAN）。被叫用户挂机后又摘机产生的后向信号。

（5）主叫用户挂机信号（CCL）。CCL 是前向发送的信号，表示主叫已挂机，但仍要保持接续。

(6) 前向传递信号(FOT)。FOT 用于国际半自动接续。

7. 电路监视消息(CCM)

(1) 释放监护信号(RLG)。RLG 是后向发送的信号,是对前向拆线信号 CLF 的响应。

(2) 电路复原信号(RSC)。在存储器发生故障时或信令故障发生时,发送电路复原信号使电路复原。

(3) 导通检验请求消息(CCR)。在 IAM 或 IAI 中含有导通检验指示码,用来说明释放需要导通检验,如果导通失败,就需要发送 CCR 消息来要求再次进行导通检验。

(4) 与闭塞或解除闭塞有关的信号。闭塞信号(BLO)是发到电路另一端的交换局的信号,使电路闭塞后就阻止该交换局经该电路呼出,但能接收来话呼叫,除非交换局也对该电路发生出闭塞信号。

解除闭塞信号(UBL)用来取消由于闭塞信号而引起的电路占用状态,解除闭塞证实信号(UBA)则是解除闭塞信号的响应,表明电路已不再闭塞。

8. 电路群监视消息(GRM)

(1) 与群闭塞或解除闭塞有关的消息。这些消息的基本作用与闭塞或解除闭塞信号相似,但是对象是一个电路群或电路群的一部分电路,而不是一个电路。

(2) 电路群复原消息(GRS)及其证实消息(GRA)。GRS 的作用与 RSC(电路复原信号)相似,但涉及一群电路。

9. 自动拥塞控制信号(ACC)

当交换局处于超负荷状态时,应向邻接局发送 ACC。拥塞分为两级,第一级为轻度拥塞,第二级为严重拥塞,应在 ACC 中指明拥塞级别。

3.5.3 TUP 信令过程

下面以典型的 TUP 信令过程来说明采用 TUP 信令完成呼叫接续的基本流程。

1. 成功的呼叫市话用户信令流程

TUP 信令市话呼叫一般采用成组发码方式,即初始地址消息为 IAM(包括全部被叫号码)。市话用户之间的呼叫为主叫控制复原方式,当主叫用户先挂机时,通话电路会立即释放,总共双向传送 5 个 TUP 消息;当被叫用户先挂机时,通话电路不会立即释放,超过再应答时延(一般为 90 秒)后,通话电路才会释放复原,总共双向传送 6 个 TUP 消息。

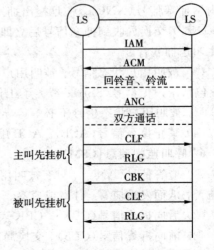

图 3 – 10　成功的呼叫市话用户信令流程

TUP 信令成功的市话呼叫流程如图 3 – 10 所示,其中消息内容如下:

IAM(初始地址消息):为建立呼叫而发出的第一个消息,含有被叫方为建立呼叫而确定路由的必要的地址消息,其中包含有被叫号码。

ACM(地址全消息):表示呼叫至被叫用户所需要的有关信息已全部收齐,并且被叫处于空闲状态。在收到地址全消息后，去话局应接通所连接的话路。

ANC：(应答、计费消息)：表示被叫摘机应答。发起方交换机开始计费程序。

CLF(前向拆线信号)：最优先执行的信号，在呼叫的任一时刻，甚至在电路处于空闲状态时，如收到 CLF，都必须释放电路，并发出 RLG。

RLG(释放监护信号)：对于前向 CLF 信号的响应，释放电路。

CBK(后向拆线信号)：被叫用户挂机。

2. 不成功呼叫市话用户信令流程

TUP 信令电话呼叫不成功的原因有很多，主要有以下几个信令消息：SLB 表示用户市话忙；STB 表示用户长话忙；LOS 表示线路不工作；UNN 表示是空号；SEC 表示交换设备拥塞；CGC 表示电路群拥塞；SST 表示发送专用信息音等，如图 3－11 所示。

3. 移动用户呼叫外地固定用户信令流程

移动用户呼叫外地固定用户，拨打号码"0XYZPQRABCD"，移动交换中心 MSC 向长途局 TS 发出 IAI 消息，包括主叫用户号和被叫用户号，长途局 TS 再通过 IAM 将被叫用户号发给本地交换局 LS。当被叫用户空闲时，信令流程图如图 3－12 所示。

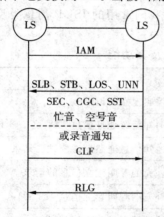

图 3－11　不成功的呼叫市话
用户信令流程

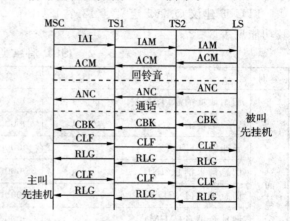

图 3－12　移动用户呼叫外地固定用户

3.6　ISDN 用户部分 ISUP

ISUP 是在电话用户部分(TUP)的基础上扩展而成的。ISUP 位于 No. 7 信令系统的第四功能级，是 No. 7 信令面向 ISDN 应用的高层协议。ISUP 用来满足 ISDN 中提供的多种业务需要的信令功能。

与 TUP 不同的是，ISUP 信令协议比 TUP 信令高级，信令内容比 TUP 要丰富，能支持更多的业务。ISUP 除了能够完成 TUP 的全部功能外，还增加了支持非话音业务和补充业务的功能。

1. ISUP 消息格式

ISUP 消息采用 MSU 信令消息格式，其中 SIO 中的 SI：DCBA＝0101。与 TUP 消息一样，消息也在 SIF 字段中传送，但 ISUP 消息的 SIF 与 TUP 不同，是作为八位位组的堆栈形式出现的，包括公共部分和专用部分，如图 3－13 所示。

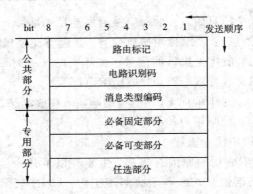

图 3-13　ISUP 消息的 SIF 字段

其中路由标记、电路识别码、消息类型编码为公共部分；每种消息的专用部分由若干个参数组成，每个参数有一个名字，按单个八位位组编码。参数的长度可以是固定的，也可以是可变的。路由标记由 DPC、OPC 和 SLS 三部分组成。

2. ISUP 消息类型

ITU-T 建议 Q.762 定义了 42 个 ISUP 信令消息，我国常用的 ISUP 消息类型编码及其功能见表 3-2。

表 3-2　ISUP 消息类型编码及其功能

类别	消 息 名 称	编码	基 本 功 能
呼叫建立	初始地址消息（IAM）	00000001	呼叫建立的请求
	后续地址消息（SAM）	00000010	通知后续地址信息
	导通消息（COT）	00000101	通知信息通路导通测试已结束
	信息请求消息（INR）	00000011	补充的呼叫建立信息的请求
	信息消息（INF）	00000100	补充的呼叫建立信息
	地址全消息（ACM）	00000110	地址消息接收完毕的通知
	呼叫进展消息（CPG）	00101100	呼叫建立过程中的通知
	应答消息（ANM）	00001001	被叫用户应答的信息
	连接消息（CON）	00000111	具有 ACM+ANM 的功能
通信中	暂停消息（SUS）	00001101	呼叫暂停的请求
	恢复消息（RES）	00001110	恢复已暂停的呼叫的请求
	呼叫修改请求消息（CMR）	00011100	呼叫中修改呼叫特征的请求
	呼叫修改完成消息（CMC）	00011101	呼叫中完成修改呼叫特征的信息
	呼叫修改拒绝消息（CMRJ）	00011110	呼叫中拒绝修改呼叫特征的信息
	前向转移信息（FOT）	00001000	话务员的呼叫请求
呼叫释放	释放消息（REL）	00001100	呼叫释放的请求
	释放完成消息（RLC）	00010000	呼叫释放完成的请求

续表

类别	消息名称	编码	基本功能
线路监测	导通检验请求消息（CCR）	00010001	导通测试的请求
	电路复原消息（RSC）	00010010	电路初始化的请求
	闭塞消息（BLO）	00010011	电路闭塞的请求
	解除闭塞消息（UBL）	00010100	解除电路闭塞的请求
	闭塞证实消息（BLA）	00010101	电路闭塞的证实
	解除闭塞证实消息（UBA）	00010110	解除电路闭塞的证实
线路组监测	电路群闭塞消息（CGB）	00011000	电路组闭塞的请求
	电路群解除闭塞消息（CGU）	00011001	解除电路组闭塞的请求
	电路群闭塞证实消息（CGBA）	00011010	电路组闭塞的证实
	电路群解除闭塞证实消息（CGUA）	00110111	解除电路组闭塞的证实
	电路群复原消息（GRS）	00010111	电路组初始化的请求
	电路群复原证实消息（GRA）	00101001	电路组初始化的证实
	电路群询问消息（CQM）	00011010	询问电路群状态的消息
	电路群询问响应消息（CQR）	00011011	电路群状态的通知
补充业务及其他	性能接受消息（FAA）	00100000	允许补充业务的请求
	性能请求消息（FAR）	00011111	补充业务的请求
	性能拒绝消息（FRJ）	00100001	拒绝补充业务的请示
	传递消息（PAM）	00010100	沿信号路由传送信息
	用户-用户信息消息（USR）	00101101	用户-用户信令的传递

　　大多数 ISUP 消息与 TUP 消息相同，但 ISUP 也有一些特有的信令消息，如呼叫进展消息（CPG）、连接消息（CON）、呼叫挂起/恢复消息（SUS/RES）等。其中接续消息（CON）等效于 ACM 和 ANM 的复合消息。有些 ISUP 消息的功能可以覆盖多个 TUP 消息，如释放消息（REL）可以取代 15 个 TUP 消息（SLB、STB、UNN、SEC、CGC、ADI、LOS、SST 等），其原因是 ISUP 消息结构具有可变长度必备参数和任意参数，信息容量大。

3. ISUP 信令流程

　　ISUP 信令流程与 TUP 信令流程类似，但是初始地址消息只有 IAM，没有 IAI，且在 IAM 消息中含有主叫用户号码。

　　ISDN 的用户线信令采用 1 号数字用户信令（DSS1），ISDN 的局间信令可以采用 ISUP 信令。ISDN 电路交换呼叫建立的一般信令过程如图 3-14 所示。

　　呼叫开始时，首先由主叫用户发送建立（SETUP）消息，发端交换机收到此消息后立即向主叫方回送呼叫进行（CALL PROC）消息，经分析判断是出局呼叫，随即将被叫号码和有关信息组装成 IAM 消息发往下一个交换局，终端交换机收到 IAM 消息后，向被叫用户送 SETUP 消息，当终端交换机收到被叫用户的 ALERT 消息后，向转接局送 ACM 消息，表明地址信息接收完毕,这个 ACM 消息被逐段转发至发端交换机,发端交换机向主叫用户发送 ALERT 消息,当被叫用户送来 CONN 消息后,终端交换机又向前送出 ANM 消息,发端交换机向主叫用户发送 CONN 消息,至此主叫至被叫的通路已经接通,进入双方通话。

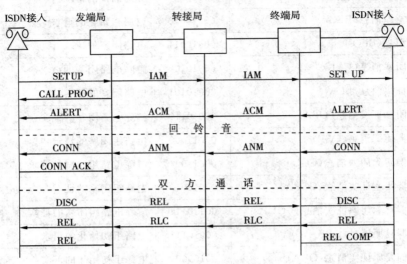

图 3 - 14　ISUP 信令基本呼叫流程

　　ISUP 信令呼叫采用互不控制通话复原方式,任意一方发出释放(REL)消息,话路立即拆除,收到对方发来的释放完成(RLC)消息以后,接续电路就可以释放而用于其他呼叫。从上述可以看出,ISUP 的整个释放过程是十分迅速的。

3.7　典型呼叫接续过程的 No.7 信令分析

1. 市话呼叫信令过程

分局至分局遇被叫忙的信令过程如图 3 - 15 所示。

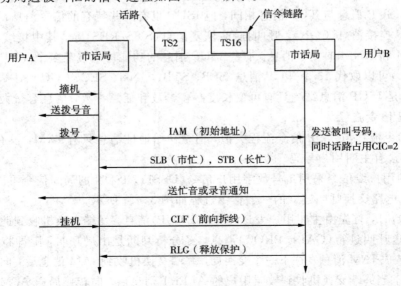

图 3 - 15　分局至分局遇被叫忙的信令过程

分局至分局遇被叫空闲的信令过程如图 3 - 16 所示。

这里如果是互不控制或被叫控制的复原方式，那么去话局自动发送 CLF；如果是主叫控制的复原方式，则必须发生了主叫挂机时间超时，去话局才能发 CLF。

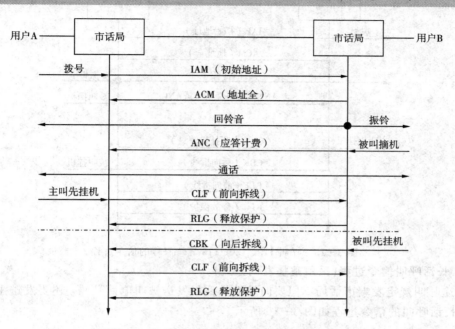

图 3 - 16　分局至分局遇被叫空闲的信令过程

2. 追查恶意呼叫

追查恶意呼叫的信令过程如图 3 - 17 所示。

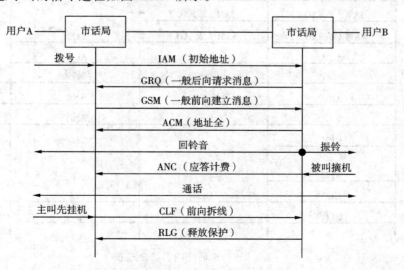

图 3 - 17　追查恶意呼叫的信令过程

主叫用户挂机后 30 s 内，被叫拨 3 以上的数字或按"R"键，来话局将打印出主叫号码、被叫号码、日期和时间。

3. 呼叫 119、120、110 等特服号(为被叫控制释放方式)

呼叫 119、120、110 等特服号的信令过程如图 3 – 18 所示。

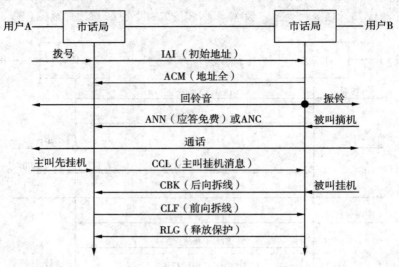

图 3 – 18　呼叫 119、120、110 等特服号的信令过程

4. 长话呼叫信令过程(采用重叠发码方式)

长途呼叫规定发端市话局不但要向发端长话局发送被叫电话号码,还要发送主叫电话号码。长话呼叫的信令过程如图 3 – 19 所示。

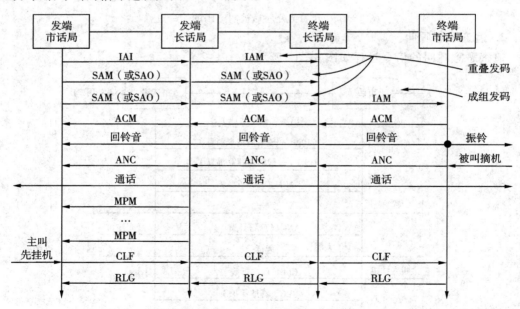

图 3 – 19　长话呼叫的信令过程

长途全自动接续一般采用主叫控制的释放方式。当被叫先挂机而主叫不挂机时,则国内长途经 90 s、国际长途经 120 s 后,由主叫局发 CLF 信令,当收到 RLG 信令后才释放电路。若在定时时间内,被叫又摘机,在被叫市话局发送"再应答"信令 RAN,使呼叫重新进入通话状态。

3.8　No.7 信令网

3.8.1　No.7 信令网的组成

在采用 No.7 信令方式的电话网中，信令消息是在与话路隔离的数据通道中传送的。通常，我们把按照 No.7 信令方式传送信令消息的网络称为 No.7 信令网。

No.7 信令网通常由三部分构成，它们分别是信令点(SP：Signaling Point)、信令转接点(STP：Signaling Transfer Point)和信令链路(SL：Signaling Link)。

1. 信令点(SP)

信令点是处理控制消息的节点，产生消息的信令点为该消息的起源点，消息到达的信令点为该消息的目的信令点。

2. 信令转接点(STP)

具有信令转发功能，能将信令消息从一条信令链路转送到另一条信令链路的信令节点称为信令转接点。

信令转接点分为综合型和独立型两种，独立型的信令转接点只具有转接功能，而综合型的信令转接点除具有转接功能之外，还具有用户部分。

3. 信令链路(SL)

两个信令点之间传送信令消息的链路称为信令链路。直接连接两个信令点的一组链路构成一个信令链路组。

3.8.2　No.7 信令网的工作方式

所谓工作方式，是指信令消息所取的通路与消息所属的信令关系之间的对应关系。它在信令网内有直联、非直联和准直联之分。

1. 直联工作方式

两个信令点之间的信息，通过直接连接两个信令点的信令链路传递，如图 3-20 所示。

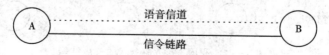

图 3-20　直联工作方式

2. 非直联工作方式

信令消息根据当前的网络状态经过某几条信令链路转接，在不同时刻，信令的消息路由经过的路径是不确定的。这种方式由于信令点的数据需要做的太多，目前都不采用。

3. 准直联工作方式

属于某信令关系的消息在传递过程中要经过一个或几个信令点转接，但通过信令网的消息所取的通路在一定时间是预先确定和固定的。准直联方式是非直联的特例。如图 3-21 所示，凡是从 A 点到 B 点的信令信息全部通过 C 点转接，这条通路是确定的。随着 No.7 信令技术的发展，准直联信令网将取代直联信令网。

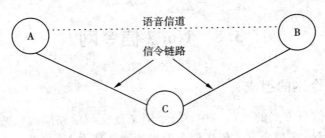

图 3 - 21　准直联工作方式

3.8.3　我国 No.7 信令网结构

信令网按结构可分为无级信令网和分级信令网。它们的区别在于无级信令网没有信令转接点的概念，所有信令点直联，当信令点多的时候，它就变得非常复杂，不适合实际的信令网使用。分级信令网是我国目前采用的信令网构成方式，它的网络容量大，设计简单，扩容方便，适合现代通信网络的发展。

我国 No.7 信令网分三级：高级信令转接点(HSTP)、低级信令转接点(LSTP)和信令点(SP)。具体的结构如图 3 - 22 所示。其中，HSTP 对应主信号区，每个主信号区设置一对 HSTP，以负荷分担方式工作，HSTP 采用独立型 STP；LSTP 对应分信号区，每个分信号区设置一对 LSTP，同样以负荷分担方式工作，LSTP 可采用独立型 STP，也可采用综合型 STP。

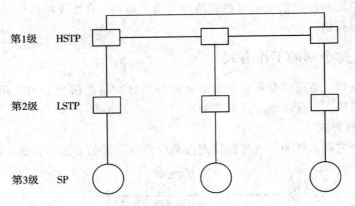

图 3 - 22　我国 No.7 信令网的三级结构

为了保证 No.7 信令网的高可靠性，我国长途三级网中，HSTP 间采用 A、B 平面网，LSTP 采用分区固定连接方式，其结构如图 3 - 23 所示。

(1) 第一级 HSTP 间采用 A、B 平面连接方式，它是网状连接的简化形式。A 和 B 平面内部各个 HSTP 之间网状连接，A、B 平面间成对的 HSTP 相连；

(2) 第二级 LSTP 至 HSTP 采用固定的汇接连接方式，即每个 LSTP 至少要分别连接到分布在 A、B 平面内成对的 HSTP；

(3) 第三级 SP 至 LSTP 的连接根据具体情况可以采用固定或自由连接方式；

(4) 每个 SP 至少应连接至两个 STP(HSTP 或 LSTP)，若连接至 HSTP，应分别固定连接至 A、B 平面内成对的 HSTP；

(5) 大、中城市本地 No.7 信令网原则上应采用二级信令网，它相当于我国三级信令网的第二级 LSTP 和第三级 SP。

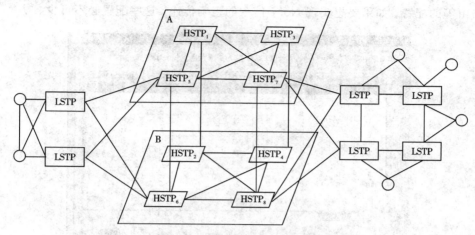

图 3 - 23　我国 No.7 信令网的网络结构

3.8.4　No.7 信令网的信令路由

信令路由是从起源信令点到目的信令点所经过预先确定的信令消息传送路径。按路由特征和使用方法可以分为正常路由和迂回路由两类。

1. 正常路由

正常路由指未发生故障的正常情况下的信令业务流的路由。正常路由主要有以下两类：

（1）采用直联方式的直达信令路由。当信令网中的一个信令点具有多个信令路由时，如果有直联的信令链路，则将该信令链路作为正常路由。

（2）采用准直联方式的信令路由。若信令网中一个信令点的多个信令路由都是采用准直联方式，经过信令转接点转接的信令路由，则正常路由为信令路由中的最短路由。

2. 迂回路由

因信令链路或路由故障造成正常路由不能传送信令业务流而选择的路由称为迂回路由。迂回路由都是经过信令转接点转接的准直联方式的路由。迂回路由可以是一个路由，也可以是多个路由，按经过的信令转接点的次数，由小到大依次分为第一迂回路由、第二迂回路由等。信令路由的设定如图 3 - 24 所示。

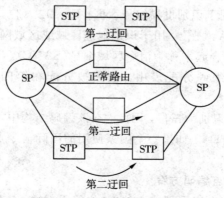

图 3 - 24　正常信令路由的设定

图 3-25 显示的是中兴 ZXPCS 系统中关于信令部分的配置界面及信令链路、链路组、信令路由等的配置。如果要想实现 No.7 信令的正确传递，这些配置必不可少。

图 3-25　关于 No.7 信令的配置说明

3.8.5　信令点编码

信令点编码是为了识别信令网中各信令点（含信令转接点），供信令消息在信令网中选择路由使用。为了便于信令网的管理，各国的信令网是独立的，每个信令网具有自己的信令编码规则。国际上采用 14 位的信令点编码，我国采用 24 位的信令点编码。

1. 国际信令网信令点编码方案

国际信令网信令点编码 14 位。编码容量为 $2^{14}=16\ 384$ 个信令点。采用大区识别、区域网识别和信令点识别的三级编号结构如图 3-26 所示。

NML	KJIHGFED	CBA
大区识别	区域网识别	信令点识别
信令区域编码（SANC）		
国际信令点编码（ISPC）		

图 3-26　国际信令网的信令点编码结构

其中，NML：三位，用于识别世界编号大区；K-D：八位，用于识别世界编号大区内的地区区域或区域网；CBA：三位，用于识别地理区域或区域网的信令点。

NML 和 K-D 两部分合起来称为信令区域编号（SANC）。

在国际信令网信令点编码分配表中，我国被分配在第四编号大区，K-D 的编码为 120。

由于 CBA（即信令点）识别为三位，因此，在该编码结构中，一个国家分配的国际信令点编码只有 8 个，即 000~111。如果一个国家使用的国际信令点超过 8 个，可申请备用的国际信令点编码。

2. 我国信令网的信令点编码方案

我国 No.7 信令网的信令点采用统一的 24 位编码方案。依据我国的实际情况，将编码在结构上分为三级即三个信令区，如图 3 - 27 所示。

主信令区编码(8 bit)	分信令区编码(8 bit)	信令点编码(8 bit)

图 3 - 27　中国国内信令网信令点编码结构

　　这种编码结构，以我国省、自治区、直辖市为单位(个别大城市也列入其内)划分成若干主信令区，每个主信令区再分成若干分信令区，每个分信令区含有若干个信令点。每个信令点的编码由三个部分组成，第一个 8 bit 用来识别主信令区，主信令区容量为 $2^8 = 256$ 个，我国现有 32 个省、市、区和港、澳、台 3 个地区，这样的编码容量也是相当富余的；第二个 8 bit 用来识别分信令区；最后一个 8 bit 用来识别各分信令区的信令点。在必要时，一个分信令区编码和信令的编码相互调剂使用。

　　信令点编码用 SPC 表示，则起源信令点编码为 OPC，目的信令点编码为 DPC，这是网络中经常见到的概念，OPC 和 DPC 都是一个相对的概念，对于一个信令点而言，根据信令信息的方向，有时用 OPC，有时用 DPC，但是 SPC 的概念是绝对的，一旦确定就不会改变。

思 考 与 练 习

　　1. No.7 信令系统是国际标准化的(　　　　)信令系统。

　　2. 按信令的传送方向分，信令可以分为(　　　　)和(　　　　)；按信令的工作区域分，信令可以分为(　　　)和(　　　　)；按信令的传递通道与话路之间的关系分，信令可以分为(　　　)和(　　　)。

　　3. No.7 信令系统由(　　　)部分和多个不同的(　　　　)部分组成。其中前一部分又由三个功能级组成，即(　　　)、(　　　)和(　　　)。

　　4. SIF 是消息信令单元特有的字段，由(　　　)、(　　　　)和(　　　)三个部分组成。

　　5. No.7 信令网是由(　　　)、(　　　)和(　　　)组成的。

　　6. 信令消息属于哪一个信令网和哪一用户部分，是由信令单元中的哪一部分决定的？
(　　　)。
　　　A. F　　　　　　B. SIF　　　　　　C. SIO　　　　　　D. CK

　　7. No.7 信令通道的速率为(　　　)。
　　　A. 64 kb/s　　　B. 128 kb/s　　　C. 256 kb/s　　　D. 没有限制

　　8. 如果发端局主动发主叫类别和主叫号码，则它会发出(　　　)消息。
　　　A. IAM　　　　　B. IAI　　　　　　C. GRQ　　　　　D. ACM

　　9. 简述 No.7 信令的特点。

　　10. 简述 No.7 信令的基本信令单元的种类，并说明各自的功能。

　　11. 简述 No.7 信令系统中信令网功能级的信令网管理功能。

　　12. 受限传递程序的作用是什么？

　　13. 请使用 No.7 信令 TUP 消息，画出一个基本的市话呼叫流程，并简要给出各个消息代表的意义。

　　14. 我国信令网采用几级结构？各如何表示？

第4章　软交换技术

【学习目标】

　　本章展望了电话网的发展。让读者了解下一代网络的发展现状和软交换技术，同时对软交换的体系结构进行介绍。读者可在本章内容基础上广泛阅读软交换技术发展的最新资料。

【知识要点】

　　1. 三网融合的现状和技术基础

　　2. 下一代网络

　　3. 软交换体系架构

　　4. SIGTRAN 协议的基本结构和常见概念

　　5. H.248 协议的连接模型、8 个命令和呼叫流程

4.1　电信网的发展

　　自 1876 年贝尔发明电话以来，通信的发展经历了若干个阶段，时至今日，现代通信在经过 100 多年的发展后，已经深刻地影响了人类社会的方方面面。分析通信行业百年来的发展规律，有 3 个主要的驱动力在驱动着通信网的不断发展，如图 4-1 所示。

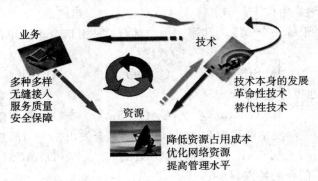

图 4-1　电信发展的三大驱动力

　　首先是业务驱动，业务驱动主要是指人们对于信息需求的快速增长，对通信的多样化、个性化、服务质量、安全保障等的要求，都要求电信网向多业务、多接入方式、高质量、高保障的方面发展。

　　其次是资源与成本的驱动。由于资源有限性，对于降低资源占用成本，提高资源利用率，提高资源管理水平等方面的需求，也驱动着电信网的继续发展。

　　最后一个主要驱动力是通信网技术的自身发展，为业务提供、资源利用提供了新的解决方案。

20 世纪 80 年代以来，在三大主要驱动因素的影响下，作为信息社会重要的信息基础设施的电信网，在全世界范围内已经发生了一系列重大的变化，而且这种变化还将持续地发展下去。从各个具体通信技术的发展方向上来看，这些积极的变化主要表现在以下几方面：

（1）交换网向以软交换/IMS 为核心的下一代交换网演进。

（2）接入网向多元化的下一代无缝宽带接入网演进（FTTP，WiMAX 和家庭联网以及 IPTV 等业务）。

（3）互联网向以 IPv6 为基础的下一代互联网演进。

（4）移动网向以 3G/E3G/B3G 为代表的下一代移动通信网演进。

（5）传送网向以光联网为基础的下一代传送网演进（ASON）。

电信网的发展主要是满足人们对信息的追求，人们沟通欲望无限制释放的要求，人类各种社会、经济活动对信息容量、传播速度的要求，促使通信业务迅速地发展。从图 4-2 所示的数据可以看出，通信网的业务发展正在从单纯语音业务为主向数据、多媒体业务为主的业务应用发展。从近几年的语音业务与宽带数据市场的增长率比较看来，在全世界范围内，固定语音市场的增长速度普遍低于 10%，甚至有些国家出现了负增长，而以 Internet 为代表的数据通信网络的发展速度普遍高于 30%。

美国宽带业务服务市场的增长历史和预测 1996－2006年

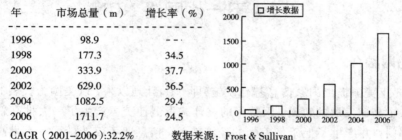

年	市场总量（m）	增长率（%）
1996	98.9	- -
1998	177.3	34.5
2000	333.9	37.7
2002	629.0	36.5
2004	1082.5	29.4
2006	1711.7	24.5

CAGR（2001-2006）:32.2%　　　　数据来源：Frost & Sullivan

美国国家信息中心对电脑运营收入的统计和预测 2000-2006年

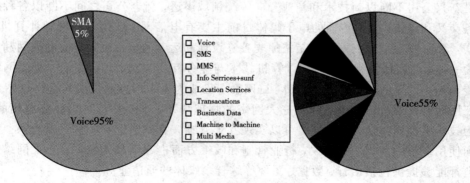

图 4-2　通信业务的发展趋势

从用户对业务的需求角度来看，出现了几种明显的趋势，那就是业务需求的多样化和个性化。多样化主要体现在业务提供的种类要求多，不光是简单的语音通信、数据通信，还存在一定要求有质量保证的视频点播、远程教育、多方通信、即时消息、机对机通信等多样需求；而个性化则体现在业务提供的定制特性、业务的移动特性等许多要求上。总之，电信网发展的总趋势是数字化、综合化、智能化、宽带化和个人化。

（1）数字化。随着程控数字交换机完全取代模拟交换机以及 No.7 信令网的建立和传输系统的完全数字化，数字化的过程就完全集中到所谓的"最后一公里"，即由端局交换机至用户话机的那一段。这一段的完全数字化不是一朝一夕之事，它有赖于终端设备的完全数字化和用户环路等其他部分的数字化。

（2）综合化。它不仅表现在业务的综合（即语音、数据、图像等语音与非语音的综合）上，而且表现在传输承载网、业务网、交换网和支撑网（包括同步网、信令网、智能网和管理网）的一体化以及终端的综合等方面。

（3）智能化。严格地说，智能化就是利用计算机技术达到各种功能实现的自动化。在电信网中，智能化主要体现在智能业务的生成与应用、智能网络控制（流量控制、拥塞控制）、网络的智能测试和故障诊断、重组、智能终端的应用。

（4）宽带化。信息时代的电信网络应当是大带宽、高智能、可交换的网络。没有宽带通信网就不可能有宽带业务，而宽带电信网的建设涉及宽带交换、宽带传输系统和宽带接入网及宽带数字终端等方面。

（5）个人化。个人化的目的在于实现任何人在任何时间、任何地点均能自由地与世界上的任何人进行任何种类业务的通信，实现自由通信的最终目标。

4.2　下一代网络 NGN

4.2.1　三网融合

自 1993 年美国提出国家信息基础设施（即 NII）计划以来，以美国为代表的发达国家的信息业进入了高速发展的轨道。因特网的爆炸式发展使美国产生了一大批高新技术企业和信息服务部门，并产生了上千亿美元的经济效益。信息业不仅造就了一大批高新技术公司和企业，也使一大批传统电信和计算机公司进入高速增长阶段。这种高速发展的一个重要趋势是新兴公司不断以新技术和新业务向传统领域渗透，新老公司之间不断以各种形式进行业务交叉和渗透。信息传播的电子媒体目前主要有电信网、广播电视网和计算机网等 3 种方式，简称"三网"。三网融合是指原先独立设计和运营的电信网、广播电视网和计算机网融为一体，使广播电视、通信和计算机技术与业务互相渗透、相互融合，提高网络利用率和传输速率，避免重复投资和浪费，三网融合已成为未来信息业发展的重要趋势。

三网融合在现阶段并不意味着三大网络的物理合一，主要是指高层业务应用的融合，表现为技术上趋向一致，网络层上可以实现互连互通，业务层上互相渗透和交叉，应用层上趋向使用统一的 TCP/IP 协议，行业管制和政策方面也逐渐趋向统一。三大网络通过技术改造都能够提供包括语音、数据、图像等综合多媒体的通信业务。

1. 三网的现状及发展趋势

1）电信网

从贝尔发明电话至今，电信网已经有上百年的历史。电信网提供的业务已经深入到人们生活和生产的各个方面，深刻改变着人们的生活和生产方式。目前全球的电话网已拥有 8 亿用户，中国电信网用户已超过 2 亿，成为世界第二大电话网。电信网的优势在于其强大的、覆盖面广的传送网，管理严密，具有长期积累的大型网络设计、运营经验，与用户有长期的服务关系。电信网的主要特点是采用电路交换网形式，以恒定的、对称的话路量为中心，传输实时电话业务较佳，具有服务质量保证，64 kb/s 带宽恒定，呼叫成本基于距离和时间，传输成本和交换成本较高。

电信网的主要问题是，发达国家的基本电话业务发展到今天已趋于饱和，加上竞争激烈，很多电信公司的电话业务收入开始下降。近几年中国电信开始面临这样的问题。目前电信网到户主要是用双绞线，通过交换机与骨干网相连。电信网是最早数字化的，传输方式逐步向光纤到户发展，传输协议从准同步体系(PDH)到同步体系(SDH)，到使用互联网协议发展。但由于发展不平衡，尚不能做到全网传输和交换的数字化，而且是一种全双向、对称流量的结构。尽管有非对称用户环路和高速用户环路(ADSL 和 VDSL)等方式，速率从几 Mb/s 到几十 Mb/s，但整个网络的流通能力受到双绞线传输容量所形成的整体系统这一"瓶颈"的限制。能否妥善解决好从电路交换向分组交换的过渡以及宽带接入问题是电信公司能否在未来竞争中站住脚的关键。

2) 广播电视网

广播电视网目前在全世界已有 10 多亿用户。中国有线电视用户已超过 8000 万，成为世界第一大广播电视网。广播电视网的优势是普及率高，接入带宽最高，掌握着重要的信息源且处于高度严格的管制之下。广播电视网存在的主要问题是网络分散、各自为政，无统一、严格的技术标准和网络规划。如今的数字电视能够实现的业务也非常有限。在英国，广播电视网开放电话业务已成为普遍趋势，有些广播电视网的电话用户数甚至超过电视用户数。其目标是首先用电缆调制解调器抢占 IP 数据业务市场，再逐步争夺电话业务和其他多媒体业务。使用电缆调制解调器后，用户共享速率可达 10～30 Mb/s，这使其在 IP 接入业务上发展很快，成为目前最流行的宽带接入技术之一。此外，数字电视技术发展也很快，从长远看，所有有线电视公司都计划在其网络中提供全部业务，成为名副其实的全业务提供者，与电信公司展开全面竞争。

3) 计算机网

计算机网作为传输数据的网络，以 Internet 为核心。全世界 Internet 用户已超过 5 亿，发展速度极快，呈指数式增长。Internet 的主要特点是采用无连接的 IP 分组交换网形式，没有复杂的时分复用结构，有信息才占用网络资源，效率高、成本低、带宽不定，但对实时业务质量难以保证，成本基于带宽，而不是距离与时间。

Internet 领域吸引了大量投资，新概念和新技术不断出现。Internet 主要是由路由器组成的网，到目前为止，其基础传送网主要依靠现有电信网或广播电视网，特别是电信网，因而，其发展离不开现有的电信网环境。然而，由于技术的飞速发展以及竞争的驱动，在全球范围内已出现大批以 IP 业务为主的新型骨干传输网，试图从物理层面上也形成与电信公司和有线电视公司三足鼎立的局面。

Internet 的最大优势在于 TCP/IP 是目前唯一可为三大网共同接受的通信协议。另外，该网没有电信公司的巨大铜缆网和电路交换网的包袱，技术更新快，成本低，其运营者正试图用数据来逐渐吸收和融合公众电话和图像业务，并进入核心长途网市场。

2. 三网融合的技术基础

技术进步是三网融合的基本推动力。现在提出三网融合正是得益于近几年来技术进步，特别是下述 4 个主要领域的重大技术进步。

1）数字技术

数字技术的迅速发展和全面采用，把语音、数据和图像信号编码成统一的1、0比特流进行传输，成为电信网、计算机网和有线电视网的共同语言。所有业务在数字网中都将成为统一的比特流而无任何区别，因此，语音、数据、声频和视频等各种内容都可以通过不同的网络来进行传输、交换、选路处理而实现融合。

2）光通信技术

大容量光纤通信技术的发展为综合传送各种业务提供了必要的带宽和传输质量，在很大程度上减少了网络容量这一制约因素。目前利用波分复用技术在单一光纤上传输320 Gb/s的系统已经商用，具有巨大可持续发展容量的光纤传输网是三网各类业务的理想传送平台。光通信技术的发展也使传输成本大幅度下降，使通信成本最终成为与传输距离几乎无关的事，因而从传输平台上也已经具备了融合的技术条件。

3）软件技术

软件技术的发展使得三大网络及其终端都能通过软件变更最终支持各种用户所需的特性、功能和业务。现代通信设备已成为高度智能化和软件化的产品，今天的软件技术已经具备三网业务和应用融合的实现手段。

软交换技术是 NGN 的核心技术，其突出优势表现为"业务融合＋网络融合"，具有充分的优越性。软交换是 NGN 控制功能的实现，它为 NGN 提供实时性业务的呼叫控制和连接控制功能，是 NGN 呼叫与控制的核心。软交换技术作为业务控制与传送/接入分离思想的体现，是 NGN 体系结构中的关键技术，其核心思想是硬件功能软件化。通过软件方式实现原来交换机的控制、接续和业务处理等功能，各实体之间通过标准的协议进行连接和通信，便于在 NGN 中更快地实现各类复杂的协议及更方便地提供业务。

软交换主要有以下功能：媒体网关接入功能、信令网关功能、呼叫控制功能、业务提供功能、互通功能、关口功能、运行维护功能和计费功能。

4）TCP/IP 协议

TCP/IP 协议的普遍采用使得各种以 IP 为基础的业务都能在不同的网上实现互通，下层基础网络具体是什么已无关紧要。TCP/IP 协议不仅已经成为占主导地位的通信协议，而且人们首次有了统一的、三大网都能接受的通信协议，从技术上为三网融合奠定了坚实的联网基础。届时，从用户驻地网到接入网再到核心网，整个网络将实现协议的统一，各种各样的终端最终都能实现透明连接。

上述四大技术领域的进步从技术上为三网融合创造了条件，铺平了道路。尽管各种网络仍有自己的特点，但技术特征正逐渐趋向一致，诸如数字化、光纤化、分组化等，特别是逐渐向 IP 协议的会聚已成为下一步发展的共同趋向。

自从因特网迅速崛起之后，人们的生活方式、工作方式和消费观念发生了很大变化，越来越追求多样化、个性化的服务与应用。业务市场从局部竞争走向全面竞争的趋势将促使市场更加开放，这给电信网、计算机网和有线电视网走向融合创造了有利的环境。当技术条件准备就绪后，管制的放开和市场竞争的需要成为关键因素。从国外情况看，美国1996 年在法律上解除了对三网融合的禁令，英国电信开放电视的禁令也指日可待，世界性的管制放开速度正在加速。中国的设备市场已完全放开，业务市场也已基本放开，三网融合的大势已不可阻挡。2010 年 6 月 30 日，中国确定了包括北京市、大连市、哈尔滨市、上海市、南京市、杭州市等在内的 12 个第一批三网融合试点地区。根据 2010 年国务院发布的"三网融合整体方案",明确 2010 年到 2012 年为试点阶段,并以推进广电和电信业务双向阶段性进入为重点,制定三网融合试点方案,选择有条件的地区开展试点,不断扩大试点广度和范围。截止 2011 年年中,我国三网融合试点地区 IPTV 试商用业务用户已超过 300 万户,基于有线电视网络接入试商用用户超过 100 多万。通过试点地区的政府和企业积极准备,电信网络宽带升级改造基本完成,有线电视网络数字化和双向化也基本完成,目前大部分地区电信和广电企业已经具备了向用户提供业务的能力。

4.2.2 下一代网络

从广义上讲,下一代网络 NGN(Next Generation Network)泛指以数据为中心、基于开放的网络架构,提供包括语音、数据、多媒体等多种业务的融合网络体系,如图 4-3 所示,它包括以下几种:

(1) 下一代交换网,软交换网络体系。

(2) 下一代接入网,光接入网,无线接入网 WiMax 等技术。

(3) 下一代传送网,包括新一代的 MSTP,ASON。

(4) 下一代移动网,移动 3G。

(5) 下一代互联网,IPv6。

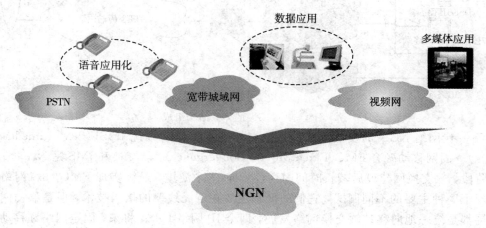

图 4-3 下一代网络

2004 年 2 月,ITU-T 第 13 研究组经过激烈的辩论,给出了 NGN 的基本定义:NGN 是基于分组的网络,能够提供电信业务;利用多种宽带能力和 QoS 保证的传送技术;其业务相关功能与其传送技术相独立。NGN 使用户可以自由接入到不同的业务提供商,NGN 支持通用移动性。

在此基础上,ITU-T 再辅以对 NGN 的特征、能力、宏观目标及研究领域等一系列的延伸描述,以进一步加固对此定义的延伸理解。NGN 是能够提供各种多媒体业务的综合网络,支持固定和移动的融合、传统电信业务和广播业务的融合,是有线/无线网络、计算机系统、家庭外围设备、智能工具等组成的融合环境,而不仅仅局限于基于数据的网络。即 NGN 必须同时满足不同的业务质量和物理接口的要求,在业务管理、网络管理、智能化、个性化服务等方面提供完备的机制。NGN 的基本特征包括:分组化传送(IP、MPLS、

ATM 和 Ethernet)、开放的体系架构、支持移动管理功能、可管理的智能化网络。NGN 与因特网都是基于 IP 技术,但它们的基本理念并不相同:因特网是分布式的、自治的,智能化在网络边缘;NGN 是可管理的 IP 网络,没有接受因特网的全部理念,它将智能化由网络边缘移到网络内适当的地方,如业务结点处。

NGN 的体系结构组成如图 4-4 所示。

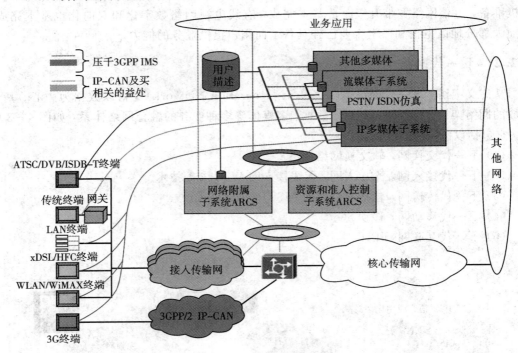

图 4-4　NGN 的体系结构组成

下一代网络 NGN 的发展趋势为:软交换→多媒体子系统 IMS(IP Multimedia Subsystem)→固网移动融合 FMC(Fixed Mobile Convergence)。软交换和 IMS 是 NGN 发展的不同阶段,软交换网建设后较长时间内会逐步向 IMS 演进,最终实现 FMC。3G 网络的发展出现了 3 种主要的不同制式,它们的区别主要在于无线侧的接入技术,但是移动网络的核心层都是统一地向移动软交换网络发展,即全 IP 网络 IMS。将来,固定网络和移动网络的核心层趋于统一,实现最终的 FMC。

从狭义上讲,下一代网络 NGN 指的是以软交换 Softswitch 技术为核心的交换网络。之所以称为软交换,是相对于以前的程控交换机来说的,软交换是指使用软件来进行呼叫控制功能,其中的核心技术就是软交换。

ITU-T 是国际电信联盟远程通信标准化组织,由国际电信联盟管理,专门制定远程通信相关的国际标准。自从 NGN 标准提出以来,全球许多标准化组织都展开了 NGN 的标准化研究工作,对促进 NGN 标准的制定和完善起到了重要作用。国际上研究 NGN 的4 大标准化组织有 ITU、ETSITISPAN、3GPP 和 IETF。

ITU-T:2003 年开始了 NGN 的研究,2004 年 6 月成立了 NGN Focus Group 组织,加速了标准化进程并专门对 NGN 进行研究。

ETSI：欧洲电信标准协会（European Telecommunication Standards Institute），成立了 TISPAN 来专门研究 NGN 的相关课题，分业务、体系、协议、号码与路由、服务质量、测试、安全和网络管理 8 个组。

3GPP：第三代合作伙伴计划（The 3rd Generation Partnership Project），成立于 1998 年 12 月，对 NGN 的研究集中在：如何在 IMS 域中应用 IPv6 以解决地址问题，尽快实现 IMS；如何协调移动和固定网络中 SIP 协议的差异；是否要在电路域上承载实时业务以达到较高的 QoS 保证。

IETF：互联网工程任务组（Internet Engineering Task Force），全球互联网最具权威的技术标准化组织，主要专注于 NGN 协议的研究，NGN 中的主要协议（如 SIP、MGCP、SIGT-RAN 以及承载层的 IPv6 等）都是由 IETF 定义的。IETF 定义的协议标准具有较强的可操作性，SIP、MGCP、SIGTRAN 等协议已经成为其他标准组织引用和参考的重要文件。目前 IETF 主要关注于 SIP 协议、IPv6 和网络安全的研究。很多 IETF 的标准最初都是以草稿 Internet Draft 的形式提出的，有一些提交上来 Draft 最终变成 RFC 标准。

4.3 软交换技术概述

4.3.1 软交换体系架构

中兴通讯早在 1998 年就已经开始软交换产品的开发研究，围绕软交换的标准体系架构，中兴通讯开发了一整套软交换系列产品，如图 4 - 5 所示。

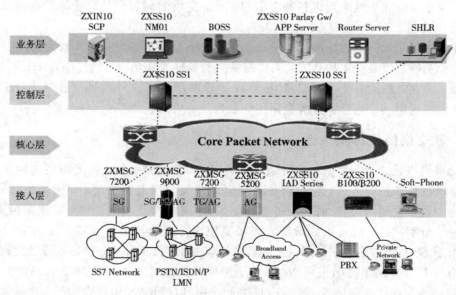

SG：信令网关；TG：中继网关；AG：接入网关；IAD：综合接入设备；MSAG：多业务接入网关；
B100：宽带网关；Soft-Phone：软终端；Video-Phone：可视电话；SS1：软交换核心控制设备；
SCP：传统智能网控制节点；IAD Manager：IAD 管理服务器；NMS：综合网络管理服务器；
ZXUP10 APP：宽带智能网服务器；Router Server：路由服务器

图 4 - 5 软交换体系架构

　　软交换分层结构中，每个模块可以独立发展，各模块之间采用标准接口，使网络更为开放。

　　控制与承载相分离，呼叫控制独立与承载网络，脱离了媒体类型的限制使网络更为灵活，功能更强大。

　　业务与控制相分离，屏蔽了控制和网络，使业务开发更简单，独立的业务提供模块能够为整个网络提供业务，使业务的部署更为灵活。

　　在软交换体系中，软交换控制设备是核心设备，它独立于底层承载协议，主要完成呼叫控制、媒体网关接入控制、资源分配、协议处理、路由、认证、计费等功能。软交换控制设备 SS 可以提供所有 PSTN 基本呼叫业务及其补充业务、点到点的多媒体业务，还可以通过与业务层设备 SCP、应用服务器的协作，向用户提供传统智能业务、IP 增值业务以及多样化的第三方增值业务及新型智能业务。中兴软交换控制设备主要有两种型号：SS1A 和 SS1B。

　　软交换体系分为边缘层、核心层、控制层和业务层。

　　(1) 边缘层主要指与现有网络相关的各种接入网关和新型接入终端设备，完成与现有各种类型的通信网络的互通并提供各类通信终端(如模拟话机、SIP Phone、PC Phone 可视终端、智能终端等)到 IP 核心层的接入。

　　(2) 核心层主要指由 IP 路由器或宽带 ATM 交换机等骨干传输设备组成的包交换网络，是软交换网络的承载基础。

　　(3) 控制层指 Softswitch 控制单元，完成呼叫的处理控制、接入协议适配、互连互通等综合控制处理功能，提供全网络应用支持平台。

　　(4) 业务层主要为网络提供各种应用和服务，提供面向客户的综合智能业务，提供业务的客户化定制。

　　其中，层与层之间通过标准接口进行通信，在核心设备 Softswitch 软交换控制设备的控制下，相关网元设备分工协作，共同实现系统的各种业务功能。通过综合 HLR，用户可全网移动，为业务融合打下基础。HLR 可以使固网用户不改号而平滑迁移为 3G 网络用户，以及发展固网/3G 融合的业务全网用户数据统一管理。

4.3.2　软交换协议体系

　　软交换网络是一个分层的具有开放性质的网络，层与层之间、网元设备与网元设备之间采用标准的协议进行互通。各种设备必须遵循共同的规范和约定，即通信标准或协议。软交换网中设备之间的协议如图 4-6 所示。NGN 网络涉及众多的协议，这是因为 NGN 网络是一个分层网络，层与层的设备之间需要使用标准协议进行互通。在 NGN 网络中，控制集中于 SS 核心控制设备，所以大多数的协议发生在 SS 与其他网络或设备之间。如软交换网络与 PSTN 网络之间采用 No.7 信令作为呼叫控制协议；SS 与 TG、AG 之间采用 H.248 协议作为媒体控制协议；SS 与 SG 之间采用 SIGTRAN 协议作为信令传输协议；SS 与 SS 之间采用 SIP 或 SIP-I 协议等。

　　语音与视频编码：G7xx、H26x 等对语音信号和视频信号进行编码的编码标准。

　　媒体流实时传输协议：RTP、RTSP 等。

　　媒体控制协议：H248/Megaco、MGCP 协议等，主要是指媒体网关控制器与媒体网关

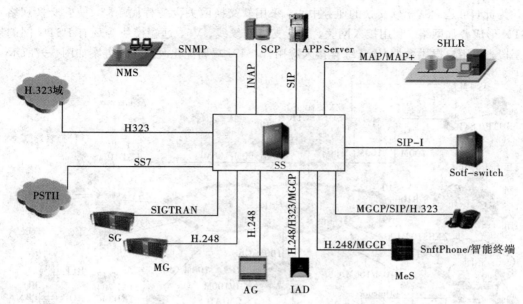

图 4 - 6　软交换网中设备之间的协议

间的协议,为主从型协议,发生在两个地位不对等的实体间的协议是非对等协议。

呼叫控制协议:SIP、H323、SS7 协议等,发生在两个对等实体之间,是对等协议。

信令传输协议:SIGTRAN 协议等,指七号信令在 IP 网中的传输协议。

应用支撑协议:包括 SS 与 AAA 服务器间的 Radius 协议、操作维护控制协议、网关协议等。

我们学习的重点是媒体控制协议、呼叫控制协议与信令传输协议。这些协议在 OSI 七层模型中均属于应用层协议。

4.3.3　软交换网络当前的典型应用

在当今电信行业内竞争愈演愈烈的情况下,面对以丰富多彩的语音和数据综合业务争抢客户的新兴运营商,全球传统固网运营商如何寻求网络整体转型,并在激烈的竞争中留住已有客户并获得新的业务增长点,因此引进新技术实现 PSTN 的网络演进成为必然。软交换技术吸取现有 PSTN、Internet、智能网等众家之长,以其开放的架构、强大的业务能力、对现有网络以及未来技术的良好适应性得到业界的极大关注,成为解决网络平滑演进问题的主流技术方案。

1. PSTN 端局优化改造

传统的 PSTN 端局存在很多弊端,具体如下:

(1)用户数据封闭在端局设备中,使得被叫类业务很难开展。

(2)业务提供受制于端局设备的能力,新业务很难大规模推广。

(3)大多数端局不具备 SSP 功能,只能采用叠加 SSP 来触发智能业务,电路迂回严重。

(4)端局数量过多,机型庞杂,业务提供差异大,所以网络结构复杂,资源利用率及网络运行效率低,管理困难。

　　为此，可建立基于软交换的业务中心，采用软交换网关设备替代端局，使软交换网络与 PSTN 形成叠加网络。利用接入网关、下行支持双绞线、V5、远端模块等现有 PSTN 网的接入手段，为用户提供数据/语音综合接入应用。PSTN 端局优化改造组网方案如图 4-7 所示。

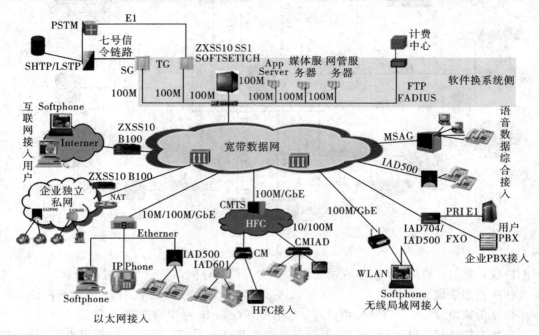

图 4-7　PSTN 端局优化改造组网方案

　　该方案改造后的端局上行链路通过接入网关 AG 接入到软交换网络，下行链路利用原有端局已有的接入资源，支持双绞线、V5、E1、MSTP 等多种接入方式，实现语音、ISDN、DDN、DSL 等业务的综合接入。改造后端局的长途业务通过中继网关 TG 和信令网关 SG 的方式与长途局或汇接局互通，信令网关完成电路交换网与 IP 网之间的 SS7 信令转换功能，中继网关在软交换的控制下完成语音的媒体流转换功能。

　　改造后，原有端局的用户数据集中到软交换平台进行集中管理，或将用户数据归入 IHLR（集中的用户属性数据库）进行统一管理。用户将可直接获得由软交换综合业务平台统一提供的增值业务。

　　该方案可解决端局数量多、机型杂、业务提供差异大、智能业务开展困难等问题。但是，由于端局数量庞大，因此这种策略的工作量大，只适合新建局的情况。

2. PSTN 长途分流方案

　　随着 PSTN 固网省内/省际长途业务的增加和长途交换局设备的老化，PSTN 长途局需要扩容和改建。利用丰富的宽带骨干数据网资源，采用软交换设备分流长途业务，对现有 PSTN 长途网实施优化改造。如图 4-8 所示，PSTN 长途 TDM 媒体流经过中继网关 TG 全部转化为 IP 媒体流，通过 IP 宽带数据网络发送到软交换核心设备指定的对端中继网关，对端的中继网关再把 IP 长途媒体流转换为电路侧的中继媒体流。

　　全国网络以省或大区为单位，组建多个软交换域，软交换域间长途通过两个软交换系统的互通来实现，省或大区内长途业务由各域内的软交换单独实现控制。

　　这种方式保持 PSTN 网 C5 端局不变，在业务流程中，来自 A 城市的 C5 端局汇接上

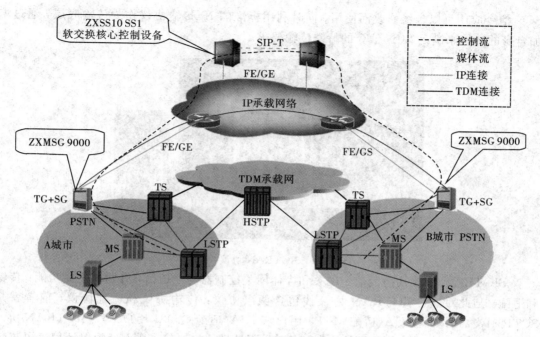

图 4-8　PSTN 长途分流方案

来的长途语音，由本地中继网关和系统内的信令网关将 PSTN 语音转至 IP 骨干网，再经过 B 城市电信中继网关，信令网关落地，最终将呼叫路由至被叫方。B 城市至 A 城市的长途来话按同样的方法处理。

采用软交换技术实现长话业务，不仅能缓解 PSTN 长途中继的压力，而且可以通过提供有吸引力的增值业务吸引诸如商业和集团用户的高端长话用户，赢得高额利润。

4.4　SIGTRAN 协议

窄带电路交换网络(SCN)提供业务的可靠性、高质量性已得到用户的认可，由于 IP 网络还存在一些尚未解决的问题，所以未来一段时期内相当一部分业务将还会在 SCN 上提供。为了实现 SCN 与 IP 网的业务互通，用于支持 SCN 的 No.7 信令网就需要与 IP 进行互通。

信令网关设备主要用于 SCN 与 IP 网络的互通，实现 SCN 的信令在 IP 网上的传送。SIGTRAN 的标准制定工作主要由国际互联网标准制定组织 IETF 负责，从 1999 年开始，IETF 的多个工作组陆续在 RFC2719、2960、3331、3332 等系列标准中完成了 SIGTRAN 协议整体构架及相关标准的制定工作。

在国内，信息产业部业已制定相关标准，包括《No.7 信令与 IP 互通的技术要求》、《流控制传送协议(SCTP)规范》、《消息传递部分第三级用户适配(M3UA)协议规范》等，为不同设备厂商之间实现互联互通提供了依据。

SIGTRAN(Signaling Transport，信令传输协议)协议栈支持通过 IP 网络传输传统电路交换网 SCN(Switched Circuit Network，电路交换网)信令，其协议栈结构如图 4-9 所示。该协议栈支持 SCN 信令协议分层模型定义中的层间标准原语接口，从而保证已有的

SCN 信令应用可以未经修改而使用，同时利用标准的 IP 传输协议作为传输底层，通过增加自身的功能来满足 SCN 信令的特殊传输要求。

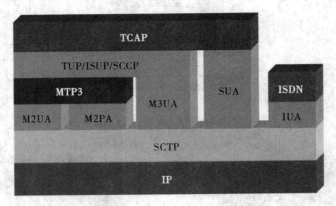

图 4-9 SIGTRAN 协议栈结构

SIGTRAN 协议栈担负信令网关和媒体网关控制器间的通信，有两个主要功能：传输和适配。与此对应，SIGTRAN 协议栈包含两层协议：传输协议和适配协议，前者就是 SCTP/IP，后者如 M3UA(适配 MTP3 用户)、IUA(适配 Q.921 用户)等。SIGTRAN 协议只是实现 SCN 信令的在 IP 网的适配与传输，不处理用户层信令消息。为保证信令可靠传输，引入了 SCTP 作为传输层协议。

4.4.1 SCTP 协议介绍

随着 IP 网向多业务网发展，尤其是目前 IP 电话、IP 视频会议等业务的发展，在 IP 网中传送信令信息成为必然。目前 IP 网中信令消息的交换通常是使用 TCP 或 UDP 协议完成的，但是这两个协议都不能满足电信运营网中信令承载的要求。为适应 IP 网成为电信运营核心网的发展趋势，IETF 的信令传输工作组一直在研究和制定 IP 网新一代的传输协议，并在 IETF RFC 2960 中定义了流控制传输协议。

SCTP(Stream Control Transmission Protocol，流控制传输协议)，是为在 IP 网上传输 PSTN 信令消息而设计的。SCTP 继承了 TCP 的以下成熟技术：流控技术(滑窗技术)、动态 RTO 计算和拥塞控制技术。

1. SCTP 相关术语

(1) 传输地址和 IP 地址。SCTP 传输地址就是一个 IP 地址加一个 SCTP 端口号。SCTP 端口号是 SCTP 用来识别同一地址上的用户的，和 TCP 端口号是一个概念。例如，IP 地址 10.66.100.2 和 SCTP 端口号 5505 标识了一个传输地址，而 IP 地址 10.66.100.14 和 2905 则标识了另外一个传输地址。同样，IP 地址 10.66.100.14 和端口号 2905 也标识了一个不同的传输地址。

(2) 主机和端点。"主机"(Host)就是一台计算机，配有一个或多个 IP 地址，是一个典型的物理实体。"端点"(End Point)是 SCTP 的基本逻辑概念，是数据报的逻辑发送者和接收者，是一个典型的逻辑实体。

SCTP 协议规定两个端点之间能且仅能建立一条偶联(这一点不同于 TCP)，但一个主机上可以有很多端点。

（3）偶联和流。"偶联"（Association）指两个 SCTP 端点通过 SCTP 协议规定的 4 次握手机制建立起来的进行数据传递的逻辑联系或者说通道。

"流"（Stream）是 SCTP 协议的一个特色术语。严格地说，"流"是指一条 SCTP 偶联中，从一个端点到另一个端点的单向逻辑通道。希望顺序传递的数据必须在一个流里面传输。一个偶联中可以包含多个流。

（4）TSN 和 SSN。TSN（Transmission Sequence Number，传输顺序号）：在 SCTP 一个偶联的一端为本端发送的每个数据块顺序分配一个基于初始 TSN 的 32 位顺序号，以便对端收到时进行确认。TSN 是基于偶联维护的。

SSN（Stream Sequence Number，流顺序号）：在 SCTP 一个偶联的每个流内，为本端在这个流中发送的每个数据块顺序分配一个 16 位顺序号，以便保证流内的顺序传递。SSN 是基于流维护的。

TSN 和 SSN 的分配是相互独立的。

（5）CWND（拥塞窗口）。SCTP 是一个滑动窗口协议，拥塞窗口是针对每个目的地址维护的，它会根据网络状况调节。当目的地址发送未证实消息的长度超过其 CWND 时，端点将停止向这个地址发送数据。

RWND：接收窗口。RWND 用来描述一个偶联对端的接收缓冲区的大小。偶联建立过程中，双方会交换彼此的初始 RWND。RWND 会根据数据发送、证实的情况及时变化。RWND 的大小限制了 SCTP 可以发送的数据的大小。当 RWND 等于 0 时，SCTP 还可以发送一个数据报，以便通过证实消息得知对方缓冲区的变化，直到达到 CWND 的限制。

2. SCTP 功能介绍

信令传送中应用的 SCTP 协议主要用来在无连接的网络上传送 PSTN 信令消息，该协议可以用来在 IP 网上提供可靠的数据传送协议。SCTP 具有如下功能：

（1）在确认方式下，无差错、无重复地传送用户数据；

（2）根据通路的 MTU 限制，进行用户数据的分段；

（3）在多个流上保证用户消息的顺序递交；

（4）将多个用户的消息复用到一个 SCTP 的数据块中；

（5）利用 SCTP 偶联的机制（在偶联的一端或两端提供多归属的机制）来提供网络级的保证；

（6）SCTP 的设计中还包含了避免拥塞功能和避免遭受泛播和匿名的攻击。

SCTP 位于 SCTP 用户应用和无连接网络业务层之间，这种无连接的网络可以是 IP 网络或者其他的网络。本标准规定的 SCTP 协议主要是运行在 IP 网络上的。SCTP 协议通过在两个 SCTP 端点间建立的偶联，来为两个 SCTP 用户之间提供可靠的消息传送业务。

SCTP 实际上是一个面向连接的协议，但 SCTP 偶联的概念要比 TCP 的连接具有更广的概念。SCTP 协议提供了在两个 SCTP 端点间的一组传送地址之间建立偶联的方法，通过这些建立好的偶联，SCTP 端点可以发送 SCTP 分组。一个 SCTP 偶联可以包含用多个可能的起/源目的地地址的组合，这些组合包含在每个端点的传送地址列表中。图 4 - 10 给出了 SCTP 偶联在 IP 网络协议中的示意。

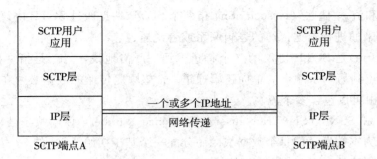

图 4-10　SCTP 偶联的示意

SCTP 的功能主要包括连接的启动与关闭、流内顺序传递、用户数据分片、证实和消除拥塞、消息块捆绑、报文验证、路径管理等。

3. SCTP 基本信令流程

SCTP 的程序包括偶联的建立、数据的传递、拥塞控制、故障管理偶联关闭等 5 个部分的内容。此外，在 SCTP 的程序中规定了一些安全性的内容。为了简化程序描述，对于以下偶联的建立程序，使用 SCTP 端点 A 和 SCTP 端点 Z 来进行描述，其中假定 SCTP 端点 A 试图与 SCTP 端点 Z 建立偶联。端点的 SCTP 用户应使用 Associate 原语来请求启动到另一个 SCTP 端点的偶联。

从 SCTP 用户的观点来看，在没有发起的 Associate 原语的情况下，SCTP 偶联可以隐含地打开，通过启动端点发送第一个用户数据到目的地端点的方式来实现。启动 SCTP 将使用 Init/Init Ack 中所有必备和任选参数的缺省值。一旦偶联建立起来，就在两端打开了用于数据传送的单向流。

启动程序包括以下步骤（假定 SCTP 端点 A 试图与 SCTP 端点 Z 建立偶联，且端点 Z 接受了新的偶联）：

（1）"A" 首先向 "Z" 发送一个 Init 数据块。在 Init 数据块中，"A" 必须在启动标签字段里提供它的验证标签（Tag_A）。Tag_A 应当是 1 到 4 294 967 295 中的一个随机数。A 在发送了 Init 后，启动 T1−init 定时器并进入 Cookie−Wait 状态。

（2）数据块中的目的地 IP 地址必须设置成 Init Ack 数据块响应的那个 Init 数据块的起源 IP 地址。在这个响应数据块中，除了填写其他参数外，"Z" 必须将验证标签字段置成 Tag_A，将它自己的启动标签字段置成 Tag_Z。而且 "Z" 必须产生一个状态 Cookie，在 Init Ack 一起发送。

（3）根据从 "Z" 收到的 Init Ack，"A" 需要停止 T1-init 定时器并离开 Cookie-Wait 状态。然后 "A" 会把从 Init Ack 数据块收到的状态 Cookie 在 Cookie Echo 数据块中发送，A 启动 T1-cookie 定时器并进入 Cookie−Echoed 状态。

（4）根据收到的 Cookie Echo 数据块，端点 "Z" 创建 TCB 后，转移至 Establish 状态，然后用一个 Cookie Ack 数据块响应。一个 Cookie Ack 数据块可以与任何未决的 DATA 数据块（和/或 SACK 数据块）捆绑在一起，但是 Cookie Ack 数据块必须是分组中的第一个数据块。在接收到的有效 Cookie Echo 数据块中，"Z" 可以向 Sctp 用户发送 Communication Up 通知。

（5）状态转移至 Established 状态，并停止 T1-cookie 定时器。"A"也可以用 Communication Up 通知 ULP 偶联建立成功。

4. SCTP 程序示例

为了更直观地说明 SCTP 的应用程序，本附件采用消息流程图的方式分别给出了正常的偶联建立的程序示例，这里的程序示例只用于说明目的，具体的实施不必与示例中完全相同，如图 4 - 11 所示。

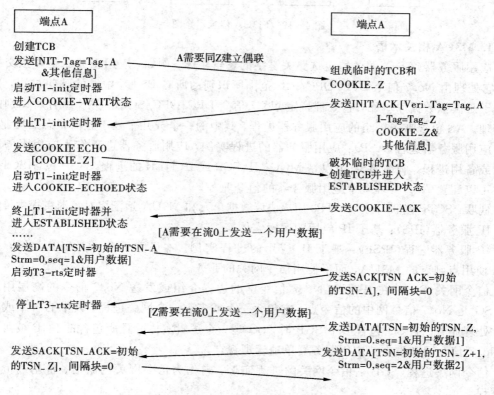

图 4 - 11　偶联正常建立和数据发送的示例

如果 A 点在发送完 Init 或 Cookie Echo 数据块后启动 T1-Init 定时器，则需要重新发送带有相同启动标签（即 TAG_A）或状态 Cookie 的 Init 或 Cookie Echo 数据块，这个过程也将重复 Max. Init. Retransmits 次，直到 A 认为 Z 不可达，同时向高层发送故障报告（此时偶联进入关闭状态）。在重发 Init 时，端点必须根据前面定义的原则来确定适当的定时器值。

4.4.2　M3UA 协议介绍

M3UA 是 SS7 MTP3 用户适配层，为处于 IP 网中的 MTP3 用户和处于网络边缘的 MTP3（在 SG 上）提供原语通信服务，实现 TDM SS7 和 IP 互通。

M3UA（MTP3User Adaptation Layer）是 MTP 第三级的适配层协议，No. 7 信令网通过 M3UA 和 MTP3 的无缝配合，平滑地从 SCN 网延伸到 IP 网络中，使 IP 网络中的设备不需有 No. 7 信令的物理层、数据链路层、完整的网络层功能，就可以给 No. 7 信令的用户部分提供服务。

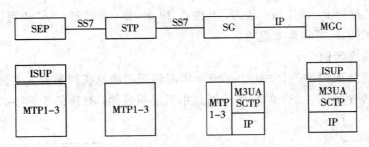

图 4 - 12 M3UA 位置示意图

1. M3UA 相关术语

应用服务器（AS）：服务特定选路关键字的逻辑实体。例如，应用服务器是虚拟交换单元，它处理由 No.7 信令 DPC/OPC/CIC 范围所识别的所有 PSTN 中继的呼叫过程，另一种例子是虚拟数据库单元，它处理特定 No.7 信令 DPC/OPC/SCCP_SSN 组合所识别的事物处理。AS 包含唯一一组的应用服务器进程，其中的一个或几个处于激活状态处理业务。

应用服务器进程（ASP）：应用服务器的进程实例，应用服务器进程作为应用服务器的激活或备用进程，例如 ASP 可以是 MGC、IP SCP 或 IP HLR 的进程。ASP 包含 SCTP 端点并可以配置 ASP 处理多个应用服务器的信令业务。

偶联：SCTP 偶联，它为 MTP3 用户协议数据单元和 M3UA 适配层对等消息提供传递。

IP 服务器（IPS）：基于 IP 应用的逻辑实体。

IP 服务器进程（IPSP）：基于 IP 应用的进程实例。本质上 IPSP 与 ASP 相同，只是 IPSP 使用点到点的 M3UA，而不使用信令网关的业务。

信令网关（SG）：在 IP 网和 No.7 信令网的边界介绍或发送 No.7 信令的高层用户消息，SG 是 No.7 信令网中的信令点，它包含一个或多个信令网关进程，其中的一个或几个正常处理业务。当 SG 包含多个 SGP 时，SG 是一个逻辑实体并且所包含的 SGP 被协调为对 No.7 信令网和被支持应用服务器单独管理视点。

信令网关进程（SGP）：信令网关的进程实例，它作为信令网关的激活、备用或负荷分担进程。

信令进程：使用 M3UA 与其他信令进程通信的进程实例，ASP、信令网关进程和 IPSP 都是信令进程。

路由关键字（Routing Key）：网关上的每个路由关键字定义了一个 SS7 信令消息路由特征的集合，满足该特征的 SS7 信令消息指定被特定的 AS 处理。路由关键字中的参数不能基于多个目的地信令点码。

选路上下文：唯一识别路由关键字的值。选路上下文可以使用管理接口也可以使用路由关键字程序配置。

信令点管理簇（SPMC）：以特定的网络外貌和特定信令点码在 No.7 信令网中表示的一组 AS。SPMC 是支持 SG 的 MTP3 管理程序，用于汇集分布在 IP 域的 No.7 信令目的地点码的可用性/拥塞/用户部分状态；在某些情况下，SG 自身也可以是 SPMC 的成员，所以在考虑支持 MTP3 管理动作时，还必须考虑 SG 的可用性/拥塞/用户部分状态。

网络外貌：为了逻辑上把 SG 和应用服务器进程间公共 SCTP 偶联上的信令业务分开，而使用网络外貌识别 No.7 信令网上下文。例如，SG 逻辑上分为四个分开的国内 No.7 信令网的单元，网络外貌隐含地定义了 No. 7 信令点编码、网络表示语和 MTP3 协议类型/Variant/版本。SG 的物理 No. 7 信令路由组或链路组只能在一个网络外貌中出现，网络外貌不是全局有意义，只要求在 SG 和 ASP 间协调。因此当 ASP 连接到多个 SG 时，不同的网络外貌可以识别相同的 No. 7 信令网上下文，依赖于传送/接收哪个 SG 的消息。

主机：ASP 进程运行的计算机平台。

流：SCTP 流，是从一个 SCTP 端点到另一相关 SCTP 端点建立的单向逻辑通路。所有用户消息在流中按序传递，除非提交的是无序传递业务。

2. M3UA 功能介绍

在 ASP 或 IP 服务器进程（IPSP）的 M3UA 层向 MTP3 用户提供的一整套原语与 No. 7 信令网中 SEP 的 MTP-3 向高层提供的原语相同，这样 ASP 或 IPSP 的 ISUP 和/或 SCCP 层并不知道它所希望的 MTP-3 业务是由远端 SGP 的 MTP3 层提供，而不是本地的 MTP3 层；SGP 的 MTP3 层也不知道本地用户实际是通过 M3UA 的远端用户，这样 M3UA 把 MTP3 层的业务扩展到远端基于 IP 的应用。

M3UA 本身不提供 MTP3 业务，如果 ASP 连接到多个 SG 时，ASP 的 M3UA 必须根据经每个 SG 到这些目的地路由的可用性/拥塞状态，维护 No. 7 信令网中目的地点的状态和选路消息。

M3UA 层也用于两个 IPSP 间点到点的信令，M3UA 提供与 MTP3 相同的原语和业务，在这种情况下，所希望的 MTP3 业务不是由 SGP 提供。虽然要提供 MTP3 业务，但由于 IPSP 到 IPSP 是点到点的关系，所以支持这些业务的程序是 MTP3 程序的子集。

3. M3UA 基本信令流程

M3UA 基本信令流程指建立 SGP 和 ASP 之间的偶联建立流程。下面的示例指出在 SGP 和 ASP 之间业务建立的 M3UA 消息流，所有这些示例假设已经建立了 SCTP 偶联。

AS 中有一个 ASP。这个示例给出了建立 SGP 和 ASP 之间业务的 M3UA 消息的流程，这里的 AS 中只有一个 ASP（无备份）。单个 ASP 在一个 AS/（1+0 备份），没有注册在该条件下，M3UA 消息调用示例如图 4-13 所示。

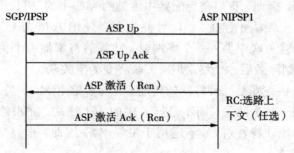

图 4-13 建立 M3UA 消息的流程

4.5 H. 248 协议

早在 1998 年，IETF 和 ITU-T 提出了 SGCP（简单网关控制协议）和 IPDC（IP 设备控制协议），它们一起发展成了 MGCP（媒体网关控制协议）。

H. 248 协议是在 MGCP 协议的基础上，结合其他媒体网关控制协议 MDCP(媒体设备控制协议)的特点发展而成的一种协议，它提供控制媒体的建立、修改和释放机制，同时也可携带某些随路呼叫信令，支持传统网络终端的呼叫。该协议在构建开放和多网融合的 NGN 中发挥着重要作用。

由于 MGCP 协议在描述能力上的欠缺，限制了其在大型网关上的应用。对于大型网关，H. 248 协议是一个好的选择。与 MGCP 用户相比，H. 248 对传输协议提供了更多的选择，并且提供更多的应用层支持，管理也更为简单。

H. 248 可以应用于 SCN(Switched Circuit Network)、IP、ATM、有线电视网或其他可能的电路或分组网络中的任何两种或多种网络之间的媒体网关控制协议。H. 248 报文本身可以承载在任何类型的分组网络上，如 IP、ATM、MTP 等。

4.5.1　H. 248 的连接模型

H. 248 协议的目的是对媒体网关的承载连接行为进行控制和监视。为此，首要的问题就是对媒体网关内部对象进行抽象和描述。于是，H. 248 提出了网关的连接模型概念。连接模型指的是由 MGC 控制的，在 MG 中的逻辑实体或对象。它是 MGC 和 MG 之间消息交互的内容核心，MGC 通过命令控制 MG 上的连接模型，MG 上报连接模型的各种信息包括状态、参数、能力等。模型的基本构件包括：终端(Termination)和关联域(Context)。媒体网关引入连接模型后，媒体网关就抽象为终端和关联域两种实体。

1. 终端

终端是一种逻辑实体，用来发送/接收媒体流和控制流。终端可以分为如下几类：

半永久性终端：半永久性终端代表物理实体的终端，称为物理终端。例如，代表一个 TDM 信道的终端(如我们稍后配置中常见的 MG 中的 TRUNK 资源和 IAD 的 AG 资源)，只要 MG 中存在这个物理实体，这个终端就存在。

临时性终端：这类终端只有在网关设备使用它的时候才存在，一旦网关设备不使用它，立刻就被释放掉。例如，我们稍后配置中常见的 MG 中的 RTP 资源，只有当 MG 使用这些资源的时候，这个终端才存在。临时性终端可以使用 Add 命令来创建和 Substract 命令来删除，当向一个空关联中加入一个终端时，默认的将添加一个关联；若从一个关联中使用 Substract 命令删除最后一个终端时，关联将变为空关联。

根终端(Root)：根终端是一种特殊的终端，它代表整个 MG。当 Root 作为命令的输入参数时，命令将作用于整个网关，而不是网关中的一个终端。在根终端上可以定义包，也可以有属性、事件和统计特性(信号不适用于根终端)。因此，根终端的 TerminationID 将会出现在以下几个地方：

(1) Modify 命令：改变属性或者设置一个事件；

(2) Notify 命令：上报一个事件；

(3) Audit Value 命令：检测属性值和根终端的统计特性；

(4) Audit Capability 命令：检测根终端上的属性；

(5) Service Change 命令：声明网关进入服务或者退出服务。

除此之外，任何在根终端上的应用都是错误的。

终端用 Termination ID 进行标识，Termination ID 的分配方式由 MG 自主决定。物理终端的 Termination ID 是在 MG 中预先规定好的，这些 Termination ID 可以具有某种结构。例如，一个 Termination ID 可以由一个中继组号及其中的一个中继号组成，如 TRUNK0010101，其中 001 指单元号，第一个 01 指子单元号，第二个 01 指终端序号。

对于 Termination ID 可以使用一种通配机制。该通配机制使用两种通配值（Wildcard）："All"和"Choose"。通配值"All"用来表示多个终端，在文本格式的 H.248 信令跟踪中以"*"表示。"Choose"则用来指示 MG 必须自己选择符合条件的终端，在文本格式的 H.248 信令跟踪中以"$"表示。例如，MGC 可以通过这种方式指示 MG 选择一个中继群中的一条中继电路。当命令中的 Termination ID 是通配值"ALL"时，则对每一个匹配的终端重复该命令，根终端(Root)不包括在内。当命令不要求通配响应时，每一次重复命令将产生一个命令响应。当命令要求通配响应时，则多次重复命令只会产生一个通配响应，该通配响应中包含所有单个响应的集合。

不同类型的网关可以支持不同类型的终端，H.248 协议通过允许终端具有可选的性质（Property）、事件（Event）、信号（Signals）和统计（Statics）来实现不同类型的终端。

那这 4 类针对于终端的描述特性分别含义如下：

（1）性质（Property）；

（2）事件（Event）；

（3）信号（Signals）；

（4）统计（Statics）。

H.248 协议用"描述语"这一数据结构来描述终端的特性，并针对终端的公共特性分门别类地定义了 19 个描述语，一般每个描述语只包含上述某一类终端特性。

2. 关联（Context）

关联（Context）是一些终端相互联系而形成的结合体。当这个结合体中包含两个以上终端时，关联可以描述拓扑结构（谁能听见/看见谁），以及媒体混合和（或）交换的参数。一个关联域可以包含多个终端。根据 MG 的业务特点不同，关联域中可以包含的最大终端数目就不同。一个关联域中至少要包含一个终端。同时一个终端一次也只能属于一个关联域。如果关联域中包含多于两个终端，关联域还会描述拓扑结构以及其他一些媒体混合/交换的参数。

有一种特殊的关联称为空关联（Null），它包含所有那些与其他终端没有联系的终端。空关联中终端的参数也可以被检查或修改，并且也可以检测事件。

通常使用 Add 命令（Command）向关联添加终端。如果 MGC 没有指明向一个已有的关联添加终端，MG 就创建一个新的关联。使用 Subtract 命令可以将一个终端从一个关联中删除。使用 Move 命令可以将一个终端从一个关联转移到另一个关联。一个终端在某一时刻只能存在于一个关联之中。一个关联中最多可以有多少个终端由 MG 属性来决定。只提供点到点连接的 MG 中的每个关联最多只支持两个终端，支持多点会议的 MG 中的每个关联可以支持三个或三个以上的终端。

3. 关联域（Context）

H.248 协议规定关联具有以下特性：

（1）ContextID 为关联标识符，一个由媒体网关 MG 选择的 32 位整数，在 MG 范围内是独一无二的。

（2）拓扑（Topology）用于描述在一个关联内部终端之间的媒体流方向。对比而言，终端的模式描述的是媒体流在 MG 的入口和出口处的流向。

（3）关联优先级（Priority）用于指示 MG 处理关联时的先后次序。在某些情况下，当有大量关联需要同时处理时，MGC 可以使用关联优先级控制 MG 上处理工作的先后次序。H.248 协议规定"0"为最低优先级，"15"为最高优先级。

（4）紧急呼叫的标识符（Indicator for Emergency Call）MG 优先处理带有紧急呼叫标识符的呼叫。

4.5.2　封包与描述符

由于应用的多样性和技术的不断发展，新的终端和特性要求会不断出现，为此，H.248 协议定义了一种终端特性描述的扩展机制：封包（Package）描述。凡是未在基础协议的描述语中定义的终端特性可以根据需要增补定义相应的封包。封包中定义的特性用{PackageID，特性 ID}标识。描述符由描述符名称（Name）和一些参数项（Item）组成，参数可以有取值。一个命令可以共享一个或者多个描述符，描述符可以作为命令的输出结果返回。在返回的描述符内容中，空的描述符只返回它的名称，而不带任何参数项。H.248 协议定义了 19 种描述符。H.248 协议正是利用描述符和封包结构，通过相应的命令来指定终端的特性，控制终端的连接和监视终端的性能的，H.248 协议常见封包如图 4-14 所示。

Cg: call progress tone generate(呼叫进程包)

al: analog Line(模拟用户包)

Cg/dt ----(dial tone)拨号音，cg/bt----(busy tone)忙音，cg/wt----(warning tone)嗥鸣音

al/of ----(offhook)摘机，al/on ---(onhook)挂机
al/fl ---- (flashhook)叉簧

Dd/ce表示DTMF收号，mfd/cd表示脉冲收号

图 4-14　H.248 协议常见封包

4.5.3　H.248 协议的 8 个命令

H.248 协议定义了 8 个命令用于对协议连接模型中的逻辑实体（关联和终端）进行操作和管理，如表 4-1 所示。命令提供了 H.248 协议所支持的最精微层次的控制。例如，通过命令可以向关联增加终端、修改终端、从关联中删除终端以及审计关联或终端的属性。命令提供了对关联和终端的属性的完全控制，包括指定要求终端报告的事件、向终端加载的信号以及指定关联的拓扑结构（谁能听见/看见谁）。

H.248 协议规定的命令大部分都用于 MGC 对 MG 的控制，通常 MGC 作为命令的始发者发起，MG 作为命令的响应者接收。但是 Notify 命令和 Service Change 命令除外，

Notify命令由 MG 发送给 MGC，而 Service Change 命令既可以由 MG 发起，也可以由 MGC 发起。

表 4 - 1 H. 248 协议命令含义

命 令	含　　义
Add	使用 Add 命令可以向一个关联中添加一个终端，当使用 Add 命令向空关联中添加一个终端时，默认创建了一个关联
Modify	修改终端属性、事件和信号
Substract	删除终端与它所在关联之间的关系，并返回终端处于该关联期间的统计特性
Move	将终端从一个关联转到另一个关联
AuditValue	获取终端属性、事件、信号和统计的当前信息
AndirCapabilities	获取终端属性、事件、信号和统计的所有可能的信息值
Notify	向 MGC 报告 MG 中发生的事情
ServiceChange	向 MGC 报告一个或者一组终端将要退出或者进入服务。或 MGC 报告 MG 即将开始或者已经完成重启

4.5.4 H. 248 协议呼叫流程分析

1. MG 向 MGC 注册流程分析

事件 1：H. 248 网关向 ZXSS10 SS1a/SS1b 发送 SVC_CHG_REQ 消息进行注册，文本描述如下：

  (1) Megaco/1 [10. 66. 100. 12]：2944

  (2) T = 9998{

  (3) C = -{

  (4) SC = ROOT {

  (5) SV {

  (6) MT = RS }}}

第(1)行：MEGACO 协议版本号，版本为 1。消息由 MG 发往 MGC，MG 的 IP 地址是 [10. 66. 100. 12]，端口号是 2944。

第(2)行：事务 ID 号为 9998。

第(3)行：此时未创建关联，因为关联为"-"，表示空关联。

第(4)行：Service Change 命令。终端 ID 为 Root，表示命令作用于整个网关。

第(5)行：Service Change 命令封装的 ServiceChange 描述符。

第(6)行：Service Change 描述符封装的参数。表示 Service Change Method 为 Restart，Service Change Reason 为热启动。

事件 2：ZXSS10 SS1a/SS1b 收到 MG 的注册消息后，回送响应给 MG。下面是 SVC_CHG_REPLY 响应的文本描述：

    Megaco/1 [10.66.100.1]:2944
        P=3{C= － {SC=ROOT{SV{}}}}

第一行：Megaco 协议版本号，版本为 1。MGC-MG，MGC 的 IP 地址和端口号为：[10.66.100.1]:2944。

第二行：事务 ID 为"9998"，关联为空。Service Change 命令作用于整个网关。表示 MGC 已经收到 MG 发过来的注册事务，并且响应注册成功。

2. 注销流程分析

事件 1：H.248 网关向 ZXSS10 SS1a/SS1b 发送 SVC_CHG_REQ 消息进行注销，该命令中 Service Change Method 设置为 Graceful 或者 Force，文本描述如下：

    (1) Megaco/1 [10.66.100.12]:2944
    (2) T= 9998
    (3) {C=－ {
    (4) SC = ROOT {
    (5) SV {
    (6) MT= FO, RE = 905}}}}

第(1)行：Megaco 协议版本号，版本为 1。消息由 MG 发往 MGC，MG 的 IP 地址是 [10.66.100.1]，端口号是 2944。

第(2)行：事务 ID 号为 9998。

第(3)行：此时未创建关联，因为关联为"－"，表示空关联。

第(4)行：Service Change 命令。终端 ID 为 Root，表示命令作用于整个网关。

第(5)行：Service Change 命令封装的 Service Change 描述符。

第(6)行：Service Change 描述符封装的参数。表示 Service Change Method 为 Force，Service Change Reason 为终端退出服务。

事件 2：ZXSS10 SS1a/SS1b 回送证实消息。下面是 SVC_CHG_REPLY 响应的文本描述：

    Megaco/1 [10.66.100.1]:2944
        P=9998{C= － {SC=ROOT{ER=505}}}

第一行：Megaco 协议版，版本为 1。MGC-MG，MGC 的 IP 地址和端口号为：[10.66.100.1]:2944。

第二行：事务 ID 为"9998"，关联为空。Service Change 命令作用于整个网关。Error 描述符为"505"，表示网关没有注册。

4.5.5　同一 SS 域下 IAD 用户拨打 IAD 用户流程

在 IAD 中包含有物理终端和临时终端，物理终端的 TIDNAME 是 AG58900 到 AG58902，依次对应 IAD 的三个普通电话接口。临时终端的 TIDNAME 是 RTP/00000 到 RTP/00002。呼叫流程情景模式如图 4-15 所示。

1. 呼叫流程

呼叫流程如图 4-16 所示。

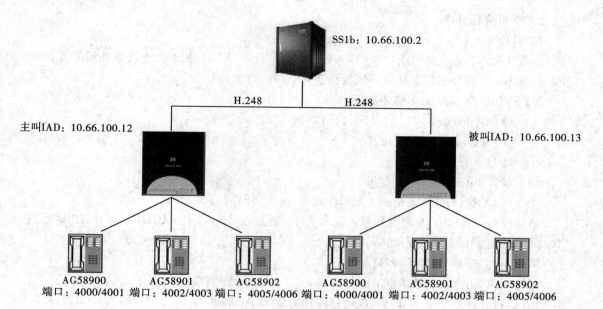

图 4 - 15 呼叫流程情景模式

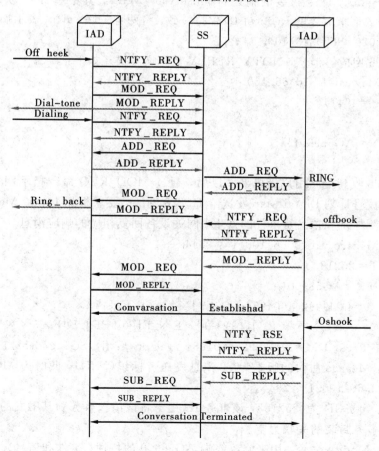

图 4 - 16 呼叫流程

2. 呼叫流程分析

■ 事件 1

主叫 IAD 对应的主叫用户摘机，网关通过 NTFY_REQ 命令把摘机事件通知发送给 SS1a/SS1b，SS1a/SS1b 收到用户摘机消息后，回应答消息。

NTFY_REQ 消息文本描述如下：

(1) Megaco/1 [10.66.100.12]:2944

(2) Transaction = 49414

(3) { Context = 一{

(4) Notify = AG58900{

(5) Observed Events = 2000{ 20020403T08131100：al/of}}}

第(1)行：Megaco 协议版本号，版本为 1。消息由 MG 发往 MGC，MG 的 IP 地址是 [10.66.100.12]，端口号是 2944。

第(2)行：事务 ID 号为 49414。

第(3)行：此时未创建关联，因为关联为"一"，表示空关联。

第(4)行：通知命令 Notify，该命令作用对象为 AG58900，对应的号码为♯02582325。

第(5)行：notify 命令封装的描述符 Observed Events，其中事件号为 2000，与触发 Ntfy_Req命令的请求命令的 Request ID 保持一致，将两者关联，al/of 表示摘机事件，事件发生时间为 20020403T08131100。

SS1a/SS1b 回应答消息，NOTY_REPLY 消息文本描述如下：

(1) Megaco/1 [10.66.100.1]：2944

(2) P＝49414{

(3) C＝一{

(4) N＝AG58900}}

■ 事件 2

SS1a/SS1b 收到主叫用户摘机事件以后，通过 MOD_REQ 命令指示网关给终端发送拨号音，并把拨号计划 Digtal Map 发送给 H.248 网关，要求根据 Digtal Map 拨号计划收号，并同时检测挂机和拍叉簧事件的发生。网关设备回复相应的响应消息。

(1) Megaco/1 [10.66.100.1]：2944

(2) T＝25218{ C＝一{

(3) MF＝AG58900{

(4) M＝DM999264604954{((([2-9]××××××|13×××××××××|0×× ××××××××|9××××|1[0124-9]x|E|x.F[0-9EF].L)F025×××××|FF)}, E＝2002{dd/ce{ DM＝DM999264604954 },al/on,al/fl},SG{cg/dt}}}}

第(1)行：Megaco 协议的版本为 1。消息发送者标识(MID)，此时为 MGC 的 IP 地址和端口号：[10.66.100.1]：2944。

第(2)行：事务 ID 为"25218"，该事务 ID 用于将该请求事务和其触发的响应事务相关联。此时，该事务封装的关联为空。

第(3)行：Modify 命令，用来修改终端 AG58900 的特性、事件和信号。

第(4)行：DigitMap 描述符，SS 下发给网关设备。拨号计划 dmap1。其中，"[2-9]××

××××"表示用户可以拨 2～9 中任意一位数字开头的任意 7 位号码;"13×××××××××"表示 13 开头的任意 11 位号码;"0×××××××××"表示 0 开头的任意 10 位号码;"9××××"表示 9 开头的任意 5 位号码;"1[0124-9]x"表示 1 开头,3 以外的十进制数为第二位的任意 3 位号码;"E"表示字母"E";"x.F";"[0-9EF].L"表示拨以数字 0～9、字母"E"、"F"开头的任意位等长定时器超时之后就会上报。MGC 请求 MG 监视终端 A0 发生的以下事件:事件一,根据 Digit Map 规定的拨号计划(dmap1)收号。事件二,请求网关检测模拟线包(al)中的所有事件。

网关设备的应答信息,文本如下:

Megaco/1 [10.66.100.12]:2944

Reply = 25218 { Context = -{

Modify = AG58900} }

■ 事件 3

用户拨号,终端对所拨号码进行收集,并与刚才下发的 Digtal Map 进行匹配,匹配成功,通过 Notify 命令发送给 SS,SS 回复给网关 NTFY_REPLY 消息。

NTFY_REQ 消息文本如下:

(1) Megaco/1 [10.66.100.12]:2944

(2) Transaction = 49415{Context = -

(3) { Notify = AG58900{ ObservedEvents = 2002 {20020403T08131500 : dd/ce { ds = "F02582325", (#02582325) Meth = UM } } } } }

第(1)行:MG-MGC。MG 的 IP 地址和端口号为:[10.66.100.12]:2944。

第(2)行:事务 ID 为 49415。此时,该事务封装的关联为空。SS1a/1b 的实现方式为主叫拨号之后才建立关联,以免主叫摘机不拨号、所拨的号码不存在等原因引起的资源浪费。

第(3)行:Notify 命令,该命令作用于终端 AG58900。观测到的事件描述符。Request ID 为"2002",与上文 MOD_REQ 命令的 Request ID 相同,表示该通知由此 MOD_REQ 命令触发。上报 Digit Map 事件的时间戳。"20020403T08131500"表示 2002 年 4 月 3 日早上 8 时 13 分 15 秒。终端 AG58900 观测到的事件为 DTMF 检测包中的 DigitMap Completion 事件。该事件的两个参数为 DigitMap 结束方式(Meth)和数字串(ds)。DigitMap 结束方式(Meth)有 3 个可能值:

"UM":明确匹配。如果只有一个候选拨号序列且完全匹配,就会产生一个"明确匹配"的 DigitMap Completion 事件。如图 4-16 中 Digit Map 为[2-9]××××××|13×××××××××|0×××××××××|9××××|1[0124-9]x|E|x.F|[0-9EF].L)F025×××××|FF,数字串 ds = "F02582325"

"PM":部分匹配。在每一步中,等待下一拨号事件的定时器将采用缺省的定时原则,或者参照一个或多个拨号事件序列中明确规定的定时器。若定时器超时,且不能与候选拨号事件集完全匹配或没有候选拨号事件可以匹配,则报告"定时器超时,部分匹配"。

"FM":完全匹配。若定时器超时,且能与候选拨号事件集中的一个拨号事件完全匹配,则报告"定时器超时,完全匹配"。数字串"ds",此时表示用户终端所拨的号码为"F02582325"

NTFY_REPLY 响应文本如下：

　　Megaco/1 [10. 66. 100. 1]：2944

　　Reply＝49415{

　　Context＝－{Notify＝AG58900}}

■ 事件 4

MGC 在 MG 中创建一个新 Context，并在 Context 中加入 TDM termination 和 RTP termination。MG 返回 Add_Reply 响应，分配新的连接描述符，新的 RTP 终端描述符。

ADD_REQ 消息的文本如下所示：

　　(1) Megaco/1 [10. 66. 100. 1]：2944

　　(2) Transaction ＝ 10003 {Context ＝ $ {

　　(3) Add ＝ AG58900，

　　(4) Add ＝ $ {

　　(5) Media {Stream ＝ 1 {LocalControl {Mode ＝ ReceiveOnly，nt/jit＝40 ; in ms}，

　　(6) Local {

　　v＝0

　　c＝IN IP4 $

　　m＝audio $ RTP/AVP 4 a＝ptime：30}}}}}}

第(1)行：MGC-MG。MGC 的 IP 地址和端口号为：[10. 66. 100. 1]：2944。

第(2)行：事务 ID 为"10003"。"$"表示请求 MG 创建一个新关联。由于目前关联还不确定，所以使用"$"。

第(3)行：Add 命令，将终端 AG58900 加入新增的关联。

第(4)行：Add 命令，将某个 RTP 终端加入新增关联。其中，新的 RTP 终端为临时终端，由于 RTP 终端的描述符没有确定，所以使用"$"。

第(5)行：媒体描述符。流号为 1，LocalControl 为本地描述符，给出了与此媒体流相关的参数，此时终端 AG58900 为只收模式，nt/jit＝40，表示 Network Package 中的抖动缓存最大值为 40 毫秒。

第(6)行：Local 描述符。MGC 建议新的 RTP 终端采用一系列本地描述参数。"v＝0"表示 SDP 协议版本为 0。"c＝IN IP4 $"表示 RTP 终端的关联信息，关联的网络标识为 Internet，关联地址类型为 IP4，"$"表示目前本地 IP 地址未知。"m＝audio $ RTP/AVP 8"表示 MGC 建议新的 RTP 终端的媒体描述，"audio"表示 RTP 终端的媒体类型为音频，"$"表示 RTP 终端的媒体端口号目前未知，"RTP/AVP"为传送层协议，其值和"c"行中的地址类型有关，对于 IP4 来说，大多数媒体业务流都在 RTP/UDP 上传送，已定义如下两类协议：RTP/AVP，音频/视频应用文档，在 UDP 上传送；Udp，UDP 协议。"8"对于音频和视频来说，就是 RTP 音频/视频应用文档中定义的媒体静荷类型。表示 MGC 建议 RTP 终端媒体编码格式采用 G. 711A。H. 248 协议规定 RTP 静荷类型至编码的映射关系为：G. 711U ＝ 0；G. 726 ＝ 2；G. 723，G. 7231 ＝ 4；G. 711A ＝ 8；G. 729，G. 729A ＝ 18。

ADD_REPLY 消息文本如下所示：

　　(1) Megaco/1 [10. 66. 100. 12]：2944

　　(2) Reply ＝ 10003 {

(3) Context ＝ 2000 {Add ＝ AG58900，Add＝RTP/00000{

(4) Media {

Stream ＝ 1 {

Local {

v＝0

c＝IN IP4 10.66.100.12

m＝audio 2222 RTP/AVP 4

a＝ptime：30

a＝recvonly}}}}}}

在此回复消息中，已经建立了关联，Context＝2000，其中选择的终端为 AG58900 和 RTP/00000。网关设备在利用 SS 发送的 Add_Req 消息中的 SDP 描述模板，把自己的媒体信息上报给 SS，这些媒体信息包括自己的 IP 地址：c＝IN IP4 10.66.100.12，RTP 流的端口号和网关采用的编解码方式：m＝audio 2222 RTP/AVP 4，时延 a＝ptime：30 等信息。

■ 事件 5

MGC 进行被叫号码分析后，确定被叫端，设置被叫测媒体参数。网关返回 Add_Reply 响应，分配新的连接描述符，新的 RTP 终端描述符。

Add_Req 消息文本描述如下：

(1) Megaco/1 [10.66.100.1]：2944

(2) Transaction ＝ 50003 {Context ＝ $ {

　　　Add ＝ AG58901 {

(3) Media {Stream ＝ 1 {LocalControl

　　　{Mode＝SendReceive} }},

(4) Events＝{1234{al/of},Signals {al/ri}},

(5) Add ＝ $ {

Media {Stream ＝1

{LocalControl

{Mode＝SendReceive,

nt/jit＝40 ; in ms}, Local {

v＝0

c＝IN IP4 $

m＝audio $ RTP/AVP 4

a＝ptime：30},

Remote {

v＝0

c＝IN IP4 10.66.100.12

m＝audio 2222 RTP/AVP 4

a＝ptime：30} ;}}}}} //a 表示属性

第(1)行：MGC-MG。MGC 的 IP 地址和端口号为：[10.66.100.1]：2944。

第(2)行：事务 ID 为"50003"。"$"表示请求 MG 创建一个新关联。由于目前关联还不确定,所以使用"$"。

第(3)行:媒体描述符。流号为 1,Local Control 为本地描述符,给出了与此媒体流相关的参数,此时主叫终端 AG58900 为只收模式(主叫在关联建立后除被叫摘机时是收发模式外,其余都是只收模式),被叫 AG58901 在关联建立后一直是收发模式。

第(4)行:事件号为 1234,检测有无挂机事件,并且通过 Signals {al/ri}给被叫用户放震铃音。

第(5)行:在被叫侧添加 RTP 资源,media 为媒体描述符,其中定义了媒体资源参数。Mode=SendReceive,表明被叫侧媒体资源为收发模式,设置抖动为 40ms(nt/jit=40)。SS下发 SDP 模板给被叫侧终端,让其上报自己的媒体资源信息,并将主叫用户信息通过Remote描述符传递给被叫用户。

Add_Reply 响应消息文本描述如下:

Megaco/1 [10.66.100.13]:2944

Reply=50003 {

Context=5000 {

Add=AG58901,

Add=RTP/00001{

Media {

Stream=1 {

Local {

v=0

c=IN IP4 10.66.100.13

m=audio 1111 RTP/AVP 4

}} ; }}}}

Add_Req 的响应消息。在被叫侧建立关联域和 RTP 终端,并将本端媒体资源信息封装在 SDP 描述,通过 Media 描述符递交给 SS。

■ 事件 6

MGC 发送 MOD_REQ 命令给主叫侧终端,修改主叫侧终端属性并请求 MG 给主叫侧终端放回铃音。MG 返回 MOD_REPLY 响应进行确认,同时给主叫侧终端放回铃音。

Mod_REQ 消息文本消息如下:

Megaco/1 [10.66.100.1]:2944

Transaction=10005 {

Context=2000 {

Modify=AG58900 {

Signals {cg/rt}},

Modify=RTP/00000 {

Media {

Stream=1 {Remote {

v=0

c=IN IP4 10.66.100.13

m＝audio 1111 RTP/AVP 4}} ;}}}}

Mod_Reply 文本消息如下：

    Megaco/1 ［10.66.100.12］：2944

    Reply＝10005

    ﹛ Context＝2000

    Modify＝AG58900

    Modify＝RTP/00000}}

■ 事件 7

被叫侧终端用户摘机，被叫侧网关设备把摘机事件通过 NTFY_REQ 命令通知 MGC。MGC 返回 NTFY_REPLY 响应进行确认。

    NTFY_REQ 命令的文本描述如下：

    Megaco/1 ［10.66.100.13］：2944

    Transaction＝50005 ﹛Context＝5000 ﹛

    Notify＝AG58901 ﹛ObservedEvents＝1234 ﹛

    19990729T22020002：al/of}}}}

    NTFY_REPLY 命令的文本描述如下：

    Megaco/1 ［10.66.100.1］：2944

    Reply＝50005 ﹛

    Context＝－ 5000﹛

    Notify＝AG58901}}

■ 事件 8

MGC 修改被叫侧终端用户半永久性资源的属性，设置需要检测的事件为挂机事件，并且停止放任何信号音。

    MOD_REQ 命令的文本描述如下：

    MEGACO/1 ［10.66.100.1］：2944

    Transaction＝1006 ﹛

    Context＝5000 ﹛

    Modify＝AG58901 ﹛

    Events＝1235 ﹛al/on﹜,

    Signals ﹛ ﹜ ; to turn off ringing }}

    MOD_REPLY 命令的文本描述如下：

    MEGACO/1 ［10.66.100.13］：2944

    Reply＝10006 ﹛

    Context＝5000

    ﹛Modify＝AG58901,

    Modify＝RTP/00001}}

■ 事件 9

Modify 命令，修改主叫侧用户的属性，终端用户回复信息给 SS。

MOD_REQ 命令的文本消息如下：

```
Megaco/1 [10.66.100.1]：2944
Transaction＝10006 {
Context＝2000 {
Modify＝RTP/00000 {
Media {
Stream＝1 {
LocalControl {
Mode＝SendReceive}}}},
Modify＝AG58900 {
Signals { }}}}
```

MOD_REPLY 命令的文本消息如下：

```
Megaco/1 [10.66.100.12]：2944
Reply＝10006 {
Context＝2000
{Modify＝RTP/00000,
Modify＝AG58900}}
```

至此，主叫终端和被叫终端都知道了本端和对端的连接信息，呼叫建立条件已经具备，可以正常通话了。

思 考 与 练 习

1. 属于 NGN 标准化组织的有 ＿＿＿＿、＿＿＿＿、＿＿＿＿ 和 ＿＿＿＿。

2. 三网融合指的是 ＿＿＿＿、＿＿＿＿ 和 ＿＿＿＿ 的融合。

3. 在 H.248 协议中，al/of 表示 ＿＿＿＿，cg/ri 表示 ＿＿＿＿，dd/ce 表示 ＿＿＿＿。

4. 软交换 SS 位于 NGN 网络体系结构中的 ＿＿＿＿。

    A. 控制层   B. 核心层   C. 业务层   D. 边缘层

5. SIGTTAN 协议是一个协议栈，其核心协议是传输层的 ＿＿＿＿，在用户适配层采用 ＿＿＿＿。

6. 一个偶联由 ＿＿＿＿ 和 ＿＿＿＿ 唯一确定。

7. 软交换网络采用分层的网络构架，包括（　　）。

    A. 接入层   B. 核心承载   C. 控制层   D. 业务层

8. 以下终端属于半永久性终端的有（　　）。

    A. RTP   B. E1   C. Z   D. ROOT

第 5 章　　VOIP 技术

【学习目标】

　　本章介绍了 VOIP 技术及与之相关的 SIP 协议。在介绍 VOIP 基本概念的基础上，详细讲解了 VOIP 的核心技术。SIP 协议是下一代网络协议体系中重要的组成部分，是实现 VOIP 的主要协议之一，本章着重进行了讲解。

【知识要点】

　　1. VOIP 技术原理

　　2. VOIP 网络架构

　　3. 实时传输技术

　　4. 语音封装技术

　　5. SIP 协议的网络结构、消息格式及呼叫流程

5.1　　VOIP 概述

　　VOIP，即网络电话（Voice over Internet Protocol）指将模拟的声音讯号经过压缩与封包之后，以数据封包的形式在 IP 网络进行语音信号的传输。通俗来说，也就是互联网电话或 IP 电话。VOIP 网络电话，中文含义就是"通过 IP 数据包发送实现的语音业务"，它使你可以通过互联网免费或资费很低地传送语音、传真、视频和数据等业务。

5.1.1　　VOIP 基本原理

　　VOIP 基本原理就是通过语音压缩设备对语音进行压缩、编码和处理，然后再把这些语音数据根据相关的协议进行打包，经过 IP 网络把数据包传送到目的地后，再把这些语音数据包串起来，经过解压和解码处理后，恢复成原来的信号，从而达到由 IP 网络发送语音的目的。简而言之，VOIP 网络电话就是通过互联网打电话，将网络电话机直接接上诸如ADSL（也就是超级一线通）、有线宽带、LAN（也就是单位局域网）等任何宽带接口，简单设置所申请的地址号码后，即可像打普通电话一样随意拨打号码了。

5.1.2　　VOIP 的应用

　　VOIP（Voice over Internet Protocol）是一种以 IP 电话为主，并辅以相应的增值业务的技术。VOIP 最大的优势是能广泛地采用 Internet 和全球 IP 互连的环境，提供比传统业务更多、更好的服务。

　　VOIP 可以在 IP 网络上便宜地传送语音、传真、视频、数据等业务，如统一消息、虚拟电话、虚拟语音/传真邮箱、查号业务、Internet 呼叫中心、Internet 呼叫管理、电视会

议、电子商务、传真存储转发和各种信息的存储转发等。

5.1.3　VOIP 协议

VOIP(Voice Over IP and VOIP Protocols)，指在 IP 网络上使用 IP 协议以数据包的方式传输语音。使用 VOIP 协议，不管是因特网、企业内部互连网还是局域网都可以实现语音通信。一个使用 VOIP 的网络中，语音信号经过数字化、压缩并转换成 IP 包，然后在 IP 网络中进行传输。VOIP 信令协议用于建立和取消呼叫，传输用于定位用户以及协商能力所需的信息。电话网络的主要特点是低成本，数据、语音和视频在同一网络上的合成，集中式网络上的新服务以及对终端用户的简单化管理。

目前，存在一些 VOIP 协议栈，它们源于各种标准团体和提供商，如 H.323、SIP、Megaco 和 MGCP。

H.323 是一种 ITU-T 标准，最初用于局域网(LAN)上的多媒体会议，后来扩展至覆盖 VOIP。该标准既包括了点对点通信，也包括了多点会议。H.323 定义了四种逻辑组成部分：终端、网关、关守及多点控制单元(MCU)。终端、网关和 MCU 均被视为终端点。

会话发起协议(SIP)是建立 VOIP 连接的 IETF 标准。SIP 是一种应用层控制协议，用于和一个或多个参与者创建、修改和终止会话。SIP 的结构与 HTTP(客户－服务器协议)相似。客户机发出请求，并发送给服务器，服务器处理这些请求后给客户机发送一个响应。该请求与响应形成一次事务。

媒体网关控制协议(MGCP)是由 Cisco 和 Telcordia 提议的 VOIP 协议，它定义了呼叫控制单元(呼叫代理或媒体网关)与电话网关之间的通信服务。MGCP 属于控制协议，允许中心控制台监测 IP 电话和网关事件，并通知它们发送内容至指定地址。在 MGCP 结构中，智能呼叫控制置于网关外部，并由呼叫控制单元(呼叫代理)来处理。同时呼叫控制单元互相保持同步，发送一致的命令给网关。

媒体网关控制协议(Megaco)是 IETF 和 ITU-T (ITU-T 推荐 H.248)共同努力的结果。Megaco/H.248 是一种用于控制物理上分开的多媒体网关的协议单元的协议，从而可以从媒体转化中分离呼叫控制。Megaco/H.248 说明了用于转换电路交换语音到基于包的通信流量的媒体网关(MG)和用于规定这种流量的服务逻辑的媒介网关控制器之间的联系。Megaco/H.248 通知 MG 将来自于数据包或单元数据网络之外的数据流连接到数据包或单元数据流上，如实时传输协议(RTP)。从 VOIP 结构和网关控制的关系来看，Megaco/H.248 与 MGCP 在本质上相当相似，但是 Megaco/H.248 支持更广泛的网络，如 ATM。

5.1.4　VOIP 的研究

语音质量——由于 IP 是用来传输数据的，所以它不能提供实时性保证，只能提供最有效的服务。为了使用户可以接受 IP 上的语音通信，数据包延时需要小于一个极限值。

互用性——在公共网络环境下，不同提供商的产品相互之间需要进行操作，推动了 VOIP 更广泛的应用。

安全性——利用加密(如 SSL)和隧道(L2TP)技术保护 VOIP 信令及控制流量。

公用交换电话网络(PSTN)的集成——因特网电话技术虽已引入，但它需与 PSTN 在可预见的将来能够协同工作。网关技术用于连接这两个网络。

可扩展性——VOIP 需要足够灵活,才能与日渐增长的私有和公有用户市场共同成长。为解决上述问题,许多网络管理和用户管理技术正在逐步形成。

5.1.5　VOIP 的主要优点

把 VOIP 集成到集中器或 RAS 中,企业将进入一个充满机遇的新世界。如果该企业是服务提供商或传输服务提供商,则能够向用户提供附加业务。如果是远程用户,则访问过程将明显简化。

增加利润——造就机遇——企业不再单纯依靠从用户的按时计费应用或主机使用中获取利润。服务提供商和传输服务提供商现在可以在传统业务基础上提供语音、传真和多媒体业务。由于这些企业长期通过企业局域网和 PSTN 建立连接,这一连接关系可以随着业务的增长而继续。

例如,有了 VOIP,接入业务提供商,包括互联网服务提供商(ISP)和传输服务者可以实现 Points-of-presence(POPS)和上下驿站网关服务。VOIP 网关功能支持 PC-to-phone 和 Phone-to-PC 业务,可通过基于 IP 的网络进行实时通信,造就新的商业机会。

企业节支和接入的优点——对于依靠 PSTN 使用语音和传真业务的企业,节约的开支是十分可观的。VOIP 通过绕过 PSTN 的方式,最终减少计费。用市话的价格,用户可以在任何时间向全球任何地方发送传真或拨打电话。另外,新的 HiPER 接入的 VOIP 功能将使用户可以通过在 POTS 线上建立的连接,接入企业内部网络、检查电子邮件、使用互联网和收听语音邮件。而且,语音邮件或电子邮件经过检查后,远程用户就可以接通从 PC 机上接入的电话了。这一功能节约的费用和增加的就业机会将使该企业更具竞争力。

升级简单和可扩展性——由于 Total Control VOIP 是建立在 Total Control 服务器上的一种软件解决方案,所以升级和操作十分简单,而且节约时间和费用。3Com 充分开发了其产品的 DSP 软件引擎,因此配备了 DSP 的 3Com 硬件,升级和进一步开发要比其他公司的 DSP 解决方案简单。未来的 VOIP 产品,则由软件升级替代整套的硬件更换。在系统升级时,这一功能既节省经费又节省时间。

5.2　VOIP 网络结构

随着光网络的飞速发展和数字传输技术的应用,原来在数据通信网中被视为应用"瓶颈"的带宽和服务质量等问题一一得到解决,推动了 IP 技术的飞速发展,带动各种应用向 IP 靠拢,VOIP 电话/VOIP 网络电话(又称 IP Phone 或 VOIP)业务就是其中一个典型的应用。

5.2.1　VOIP 网络电话的概念

VOIP 电话/VOIP 网络电话是一种利用 Internet 技术或网络进行语音通信的新业务。从网络组织来看,目前比较流行的方式有两种:一种是利用 Internet 网络进行的语音通信,我们称之为网络电话;另一种是利用 IP 技术,电信运行商之间通过专线点对点联结进行的语音通信,有人称之为经济电话或廉价电话。比较两者,前者具有投资少、价格低等优势,但存在着无服务等级和全程通话质量不能保证等重要缺陷，该方式多为计算机公司和数据网络服务公司所采纳。后者相对于前者来讲投资较大，价格较高，但因其是专门用于电话通信的，所以有一定的服务等级，全程通话质量也有一定保证，该方式多为电信运行商所采纳。VOIP 电话/VOIP 网络电话与传统电话具有明显区别。首先，传统电话使用公众电话网作为语音传输的媒介；而 VOIP 电话/VOIP 网络电话则是将语音信号在公众电话网和 Internet 之间进行转换，对语音信号进行压缩封装，转换成 IP 包，同时，IP 技术允许多个用户共用同一带宽资源，改变了传统电话由单个用户独占一个信道的方式，分摊了用户使用单独信道的费用。其次，由于技术和市场的推动，将语音转化成 IP 包的技术已变得更为实用、便宜，同时，VOIP 电话/VOIP 网络电话的核心元件之一数字信号处理器的价格在下降，从而使电话费用大大降低，这一点在国际电话通信费用上尤为明显，这也是 VOIP 电话/VOIP 网络电话迅速发展的重要原因。

5.2.2　VOIP 网络电话的基本原理

VOIP 电话/VOIP 网络电话(又称 IP Phone 或 VOIP)是建立在 IP 技术上的分组化、数字化传输技术，其基本原理是：通过语音压缩算法对语音数据进行压缩编码处理，把这些语音数据按 IP 等相关协议进行打包，经过 IP 网络把数据包传输到接收地，再把这些语音数据包串起来，经过解码解压处理后，恢复成原来的语音信号，从而达到由 IP 网络传送语音的目的。VOIP 电话/VOIP 网络电话系统把普通电话的模拟信号转换成计算机可联入因特网传送的 IP 数据包，同时也将收到的 IP 数据包转换成声音的模拟电信号。经过 VOIP 电话/VOIP 网络电话系统的转换及压缩处理，每个普通电话传输速率约占用 8～11 kb/s 带宽，因此在与普通电信网同样使用传输速率为 64 kb/s 的带宽时，VOIP 电话/VOIP 网络电话数是原来的 5～8 倍。VOIP 电话/VOIP 网络电话的核心与关键设备是 VOIP 电话/VOIP 网络电话网关。VOIP 电话/VOIP 网络电话网关具有路由管理功能，它把各地区电话区号映射为相应的地区网关 IP 地址。这些信息存放在一个数据库中，有关处理软件完成呼叫处理、数字语音打包、路由管理等功能。在用户拨打 VOIP 电话/VOIP 网络电话时，VOIP 电话/VOIP 网络电话网关根据电话区号数据库资料，确定相应网关的 IP 地址，并将此 IP 地址加入 IP 数据包中，同时选择最佳路由，以减少传输时延，IP 数据包经因特网到达目的地 VOIP 电话/VOIP 网络电话网关。对于因特网未延伸到或暂时未设立网关的地区，可设置路由，由最近的网关通过长途电话网转接，实现通信业务。

5.2.3　VOIP 网络电话的优点

VOIP 电话/VOIP 网络电话是语音数据集成与语音分组技术进展结合的经济优势，从而迎来一个新的网络环境，这个新环境提供了低成本、高灵活性、高生产率及效率的增强应用等优点。VOIP 电话/VOIP 网络电话的这些优点使企业、服务供应商和电信运营商们看到了许多美好的前景，把语音和数据集成在一个分组交换网络中的契机是由以下因素推动的：

(1)通过统计上的多路复用而提高的效率。

(2)通过语音压缩和语音活动检测(安静抑制)等增强功能而提高的效率。

(3)通过在私有数据网络上传送电话呼叫而节省的长途费用。

（4）通过联合基础设施组件降低的管理成本。

（5）利用计算机电话集成的新应用的可能性。

（6）数据应用上的语音连接。

（7）有效使用新的宽带 WAN 技术。

分组网络提高的效率和在统计学上随数据分组多路复用语音数据流的能力，允许公司最大限度地得到在数据网络基础设施上投资的回报。而把语音数据流放到数据网络上也减少了语音专用线路的数目，这些专用线路的价格往往很高。LAN、MAN 和 WAN 环境中吉位以太网、密集波分多路复用和 Packet over SDH 等新技术的实现，以更低的价位为数据网络提高更多的带宽。同样，与标准的 TDM 连接相比，这些技术提供了更好的性价比。

5.2.4　VOIP 网络电话的种类

VOIP 电话/VOIP 网络电话有 4 种：电话到电话、电话到 PC、PC 到电话和 PC 到 PC。

（1）电话到电话：电话到电话，即普通电话经过电话交换机连到 VOIP 电话/VOIP 网络电话网关，用电话号码穿过 IP 网进行呼叫，发送端网关鉴别主叫用户，翻译电话号码/网关 IP 地址，发起 VOIP 电话/VOIP 网络电话呼叫，连接到最靠近的被叫网关，并完成语音编码和打包，接收端网关实现拆包、解码和连接被叫。

（2）电话到 PC：电话到 PC 是由网关来完成 IP 地址和电话号码的对应和翻译，以及语音编解码和打包。

（3）PC 到电话：PC 到电话也是由网关来完成 IP 地址和电话号码的对应和翻译，以及语音编解码和打包。

（4）PC 到 PC：最初 VOIP 电话/VOIP 网络电话方式主要是 PC 到 PC，它利用 IP 地址进行呼叫，通过语音压缩、打包传送方式，实现因特网上 PC 机之间的实时语音传送，语音压缩、编解码和打包均通过 PC 上的处理器、声卡、网卡等硬件资源完成，这种方式和公用电话通信有很大的差异，且限定在因特网内，所以有很大的局限性。

5.3　VOIP 核心技术

5.3.1　信令技术

信令技术保证电话呼叫的顺利实现和语音质量，目前被广泛接受的 VOIP 控制信令体系包括 ITU-T 的 H.323 系列和 IETF 的会话初始化协议（SIP）。

ITU-T 的 H.323 系列协议定义了在无业务质量保证的因特网或其他分组网络上多媒体通信的协议及其规程。H.323 标准为局域网、广域网、Intranet 和 Internet 上的多媒体提供技术基础保障。

H.323 是 ITU-T 有关多媒体通信的一个协议集，包括用于 ISDN 的 H.320，用于 B-ISDN 的 H.321 和用于 PSTN 终端的 H.324 等协议。其编码机制、协议范围和基本操作类似于 ISDN 的 Q.931 信令协议的简化版本，并采用了比较传统的电路交换方法。相关的协议包括用于控制的 H.245，用于建立连接的 H.225.0，用于大型会议的 H.332，用于补充业务的 H.450.1、H.450.2 和 H.450.3，有关安全的 H.235，与电路交换业务互操作的

H.246 等。H.323 提供设备之间、高层应用之间和提供商之间的互操作性，它不依赖于网络结构，独立于操作系统和硬件平台，支持多点功能、组播和带宽管理。H.323 具备相当的灵活性，支持包含不同功能的节点之间的会议和不同网络之间的会议。H.323 协议的多媒体会议系统中的信息流包括音频、视频、数据和控制信息。信息流采用 H.225.0 协议方式来打包和传送。

　　H.323 呼叫建立过程涉及 3 种信令：RAS 信令(R=注册：Registration、A=许可：Admission 和 S=状态：Status、H.225.0 呼叫信令和 H.245 控制信令。其中 RAS 信令用来完成终端与网守之间的登记注册、授权许可、带宽改变、状态和脱离解除等过程。H.225.0 呼叫信令用来建立两个终端之间的连接，这个信令使用 Q.931 消息来控制呼叫的建立和拆除，当系统中没有网守时，呼叫信令信道在呼叫涉及的两个终端之间打开；当系统中包括一个网守时，由网守决定在终端与网守之间或是在两个终端之间开辟呼叫信令信道。H.245 控制信令用来传送终端到终端的控制消息，包括主从判别、能力交换、打开和关闭逻辑信道、模式参数请求、流控消息和通用命令与指令等。H.245 控制信令信道建立于两个终端之间，或是一个终端与一个网守之间。

　　虽然 H.323 提供了窄带多媒体通信所需要的所有子协议，但 H.323 的控制协议非常复杂。此外，H.323 不支持多点发送(Multicast)协议，只能采用多点控制单元(MCU)构成多点会议，因而只能同时支持有限的多点用户。H.323 也不支持呼叫转移，且建立呼叫的时间比较长。与 H.323 相反，SIP 是一种比较简单的会话初始化协议，它不像 H.323 那样提供所有的通信协议，而是只提供会话或呼叫的建立与控制功能。SIP 可以应用于多媒体会议、远程教学及 Internet 电话等领域。SIP 既支持单点发送(Unicast)，也支持多点发送，会话参加者和媒体种类可以随时加入一个已存在的会议。SIP 可以用来呼叫人或机器设备，如呼叫一个媒体存储设备记录一个会议，或呼叫一个点播电视服务器向会议播放视频信号。

　　SIP 是一种应用层协议，可以用 UDP 或 TCP 作为其传输协议。与 H.323 不同的是，SIP 是一种基于文本的协议，用 SIP 规则资源定位语言描述(SIP Uniform Resource Locators)，易于实现和调试，更重要的是灵活性和扩展性好。由于 SIP 仅用于初始化呼叫，而不是传输媒体数据，因而造成的附加传输代价也不大。SIP 的 URLL 甚至可以嵌入到 Web 页或其他超文本链路中，用户只需用鼠标一点即可发出一个呼叫。与 H.323 相比，SIP 还有建立呼叫快、支持传送电话号码的特点。

5.3.2　编码技术

　　语音压缩编码技术是 VOIP 电话/VOIP 网络电话技术的一个重要组成部分。目前，主要的编码技术有 ITU-T 定义的 G.729、G.723(G.723.1)等。其中 G.729 可将经过采样的 64 kb/s 语音以几乎不失真的质量压缩至 8 kb/s。由于在分组交换网络中，业务质量不能得到很好保证，因而需要语音的编码具有一定的灵活性，即编码速率、编码尺度的可变性和可适应性。G.729 原来是 8 kb/s 的语音编码标准，现在的工作范围扩展至 6.4～11.8 kb/s，语音质量也在此范围内有一定的变化，但即使是 6.4 kb/s，语音质量也还不错，因而很适合在 VOIP 系统中使用。G723.1 采用 5.3/6.3 kb/s 双速率语音编码，其语音质量好，但是处理时延较大，它是目前已标准化的最低速率的语音编码算法。

图 5-1 中，横坐标表示编码所占带宽，单位是 kb/s；纵坐标表示 MOS(Mean of Satisfied)值，值越高，代表语音越清晰。常用的语音编码算法有：

G.711U—64 kb/s，无压缩编码，欧洲标准；

G.711A—64 kb/s 无压缩编码，北美标准；

G.723.1—5.3 kb/s、6.3 kb/s，占用带宽非常小，但是语音不够清晰；

G.729A—8 kb/s，压缩率中等，效果一般；

现网中一般建议采用 G.711A 律编码，有效语音带宽是 64 kb/s。

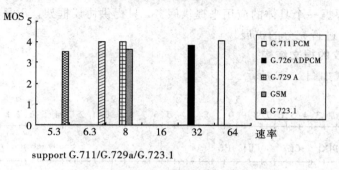

图 5-1　语音编码算法比较

5.3.3　实时传输技术

实时传输技术主要采用实时传输协议 RTP。RTP 是提供端到端的协议，包括音频在内的实时数据传送的协议。RTP 包括数据和控制两部分，后者叫 RTCP。RTP 提供了时间标签和控制不同数据流同步特性的机制，可以让接收端重组发送端的数据包，可以提供接收端到多点发送组的服务质量反馈。

1. 实时传输协议 RTP(Real-time Transport Protocol)

RTP 是针对 Internet 上多媒体数据流的一个传输协议，由 IETF(互联网工程任务组)作为 RFC1889 发布。RTP 被定义为在一对一或一对多的传输情况下工作，其目的是提供时间信息和实现流同步。RTP 的典型应用建立在 UDP 上，但也可以在 TCP 或 ATM 等其他协议上工作。RTP 本身只保证实时数据的传输，并不能为按顺序传送数据包提供可靠的传送机制，也不提供流量控制或拥塞控制，它依靠 RTCP 提供这些服务。

2. RTP 工作机制

威胁多媒体数据传输的一个尖锐的问题就是不可预料数据的到达时间。但是流媒体的传输需要数据的适时到达用以播放和回放。RTP 协议就是提供了时间标签、序列号以及其他结构用于控制适时数据的流放。在流的概念中"时间标签"是最重要的信息。发送端依照即时的采样在数据包里隐蔽地设置了时间标签。在接收端收到数据包后，就依照时间标签按照正确的速率恢复成原始的适时的数据。不同的媒体格式调时属性是不一样的。但是 RTP 本身并不负责同步，它只是传输层协议。为了简化运输层处理，提高该层的效率，RTP 将部分运输层协议功能(比如流量控制)上移到应用层完成。同步就是属于应用层协议完成的。它没有运输层协议的完整功能，不提供任何机制来保证实时的传输数据，不支持资源预留，也不保证服务质量。RTP 报文甚至不包括长度和报文边界的描述。同时 RTP 协议的数据报文和控制报文使用相邻的不同端口，这样大大提高了协议的灵活性和处理的简单性。

RTP 协议和 UDP 二者共同完成运输层协议功能。UDP 协议只是传输数据包,不管数据包传输的时间顺序。RTP 的协议数据单元是用 UDP 分组来承载的。在承载 RTP 数据包时,有时候一帧数据被分割成几个数据具有相同的时间标签,则可以知道时间标签并不是必须的。而 UDP 的多路复用让 RTP 协议利用支持显式的多点投递,可以满足多媒体会话的需求。

RTP 协议虽然是传输层协议,但是它没有作为 OSI 体系结构中单独的一层来实现。RTP 协议通常根据一个具体的应用来提供服务,只提供协议框架,开发者可以根据应用的具体要求对协议进行充分的扩展。

3. RTP 协议的报文结构

RTP 头格式如图 5-2 所示。

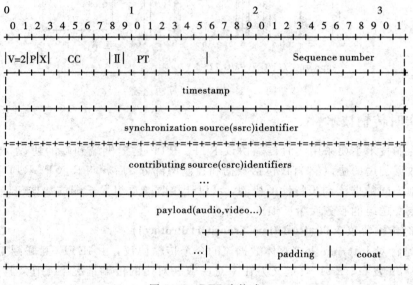

图 5-2　RTP 头格式

开始 12 个八进制出现在每个 RTP 包中,而 CSRC 标识列表仅出现在混合器插入时。各段含义如下:

(1) 版本号(V):2 位,标识 RTP 版本号。

(2) 填充标识(P):1 位,如设置填充位,在包尾将包含附加填充字,它不属于有效载荷。填充的最后一个八进制包含应该忽略的八进制计数。某些加密算法需要固定大小的填充字,或为在底层协议数据单元中携带几个 RTP 包。

(3) 扩展(X):1 位,如设置扩展位,固定头后跟一个头扩展。

(4) CSRC 计数(CC):4 位,CSRC 计数包括紧接在固定头后的 CSRC 标识符个数。

(5) 标记(M):1 位,标记解释由设置定义,目的在于允许重要事件在包流中标记出来。设置可定义其他标示位,或通过改变位数量来指定没有标记位。

(6) 载荷类型(PT):7 位,记录后面资料使用哪种 Codec,Receiver 端找出相应的 Decoder 解码出来。

常用 types:

Payload Type Codec

0	PCM μ-Law
8	PCM-A Law
9	G..722 audio codec
4	G..723 audio codec
15	G..728 audio codec
18	G..729 audio codec
34	G..763 audio codec
31	G..761 audio codec

（7）系列号：16 位，系列号随每个 RTP 数据包而增加 1，由接收者用来探测包损失。系列号初值是随机的，使对加密的文本攻击更加困难。

（8）时标：32 位，时标反映 RTP 数据包中第一个八进制数的采样时刻，采样时刻必须从单调、线性增加的时钟导出，以允许同步与抖动计算。时标可以让 Receiver 端知道在正确的时间将资料播放出来。

如果只有系列号，并不能完整按照顺序将 data 播放出来，因为如果 data 中间有一段没有资料而只有系列号的话会造成错误，需搭配上让它知道在哪个时间将 data 正确播放出来，如此才能播放出正确无误的信息。

（9）SSRC：32 位，SSRC 段标识同步源。此标识不是随机选择的，目的在于使同一 RTP 包连接中没有两个同步源有相同的 SSRC 标识。尽管多个源选择同一个标识的概率很低，所有 RTP 实现都必须探测并解决冲突。如源改变源传输地址，也必须选择一个新 SSRC 标识以避免插入成环行源。

（10）CSRC 列表：0 到 15 项，每项 32 位。CSRC 列表表示包内对载荷起作用的源。标识数量由 CC 段给出。如超出 15 个作用源，也仅标识 15 个。CSRC 标识由混合器插入，采用作用源的 SSRC 标识。

5.3.4　实时传输控制协议 RTCP(Real-time Transport Control Protocol)

RTCP 负责管理传输质量在当前应用进程之间交换控制信息。在 RTP 会话期间，各参与者周期性地传送 RTCP 包，RTCP 包中含有已发送的数据包的数量、丢失的数据包的数量等统计资料。因此，服务器可以利用这些信息动态地改变传输速率，甚至改变有效载荷类型。RTP 和 RTCP 配合使用，能以有效的反馈和最小的开销使传输效率最佳化，故特别适合传送网上的实时数据。

当应用程序开始一个 RTP 会话时，将使用两个端口：一个给 RTP，一个给 RTCP。RTP 本身并不能为按顺序传送的数据包提供可靠的传送机制，也不提供流量控制或拥塞控制，它依靠 RTCP 提供这些服务。在 RTP 的会话之间周期地发放一些 RTCP 包用来监听服务质量和交换会话用户信息等功能。RTCP 包中含有已发送的数据包的数量、丢失的数据包的数量等统计资料。因此，服务器可以利用这些信息动态地改变传输速率，甚至改变有效载荷类型。RTP 和 RTCP 配合使用，它们能以有效的反馈和最小的开销使传输效率最佳化，因而特别适合传送网上的实时数据。根据用户间的数据传输反馈信息，可以制定流量控制的策略，而会话用户信息的交互可以制定会话控制的策略。

1. RTCP 数据报

在 RTCP 通信控制中，RTCP 协议的功能是通过不同的 RTCP 数据报来实现的，主要有以下几种类型。

（1）SR：发送端报告，所谓发送端指发出 RTP 数据报的应用程序或者终端，发送端同时也可以是接收端。

（2）RR：接收端报告，接收端指仅接收但不发送 RTP 数据报的应用程序或者终端。

（3）SDES：源描述，主要功能是作为会话成员有关标识信息的载体，如用户名、邮件地址、电话号码等。此外还具有向会话成员传达会话控制信息的功能。

（4）BYE：通知离开，主要功能是指示某一个或者几个源不再有效，即通知会话中的其他成员自己将退出会话。

（5）APP：由应用程序自己定义，解决了 RTCP 的扩展性问题，并且为协议的实现者提供了很大的灵活性。

2. 资源预订协议 RSVP（Resorce Reservation Protocol）

由于音频和视频数据流比传统数据对网络的延时更敏感，要在网络中传输高质量的音频、视频信息，除带宽要求之外，还需其他更多的条件。RSVP 是 Internet 上的资源预订协议，使用 RSVP 预留部分网络资源（即带宽），能在一定程度上为流媒体的传输提供 QOS。

5.4　VOIP 语音封装流程

NGN 的通信网络是基于 IP 的，采用的寻址方式是"IP＋传输层端口"的方式。在语音通信中，为保证语音质量，对 RTCP 包的丢包率、抖动和时延都有一定的要求，在这种情况下，无论是面向连接的 TCP 还是面向无连接的 UDP 都无法很好地完成实时媒体流的传送作用，于是在 UDP 的基础上，引入实时传输协议 RTP/RTCP 协议。RTP 报文位置见表5－1。

表 5－1　RTP 报文位置

语音编解码（G. 711/ G. 729/ G. 723）
RTP
UDP
IP
MAC（以太网）

RTP 协议是在 UDP 封装之上，加入 12 字节的 RTP 头，通过 RTP 头中的顺序编号与时间戳参数实现媒体流的实时按序传送，RTP 协议负责媒体流的转换、传送；RTCP 负责通话质量的监控。媒体流变换时，封装的顺序为网络接口层（IP（UDP（RTP（语音））））。

带宽耗费计算方法：针对一个语音包，其所需要的开销 ＝ RTP 头＋UDP 头＋IP 头＋Ethernet 头，其中：

RTP 头＝96 bit（12 byte）

UDP 头＝64 bit（8 byte）

IP 头＝160 bit（20 byte）

Ethernet 头＝208 bit(26 byte)

所以，一个语音包的开销 ＝ 96＋64＋160＋208＝528 bit。根据公式：媒体流带宽＝528/打包时长＋语音编解码带宽。

打包时长：编解码芯片多久对语音包进行一次采样，然后编码成 IP 报文发送。打包时间越短，每秒打包的数量就越多，语音的处理速度就越快，语音质量也就越好，但所花费的带宽也就越高。常见的打包时长有 20 ms 和 30 ms 两种。

例如采用 G.711 算法，打包时长为 20 ms，那么，每秒钟产生 50 个数据包，每个数据包都包含：物理层 26 字节，IP 层 20 字节，传输层 8 字节，RTP 层 12 字节；估算 RTCP 所占的带宽为语音流的 5%，那么，通话带宽为

$$\frac{(12+8+20+26)\times 8\times 50}{1024+64}\times 1.05 = 25.48 \text{ kb/s}$$

各种编码方式对比表如表 5-2 所示。各种打包时长下带宽耗费对比表如表 5-3 所示。20 ms 打包并发支持路数表如表 5-4 所示。30 ms 打包并发支持路数表如表 5-5 所示。

表 5-2　各种编码方式对比表

编解码技术	语音压缩带宽(kb/s)	语音延迟	语音质量等级
G.711a/u	64	无延迟	优
G.729	8	低于 200 ms	良
G.723(6.3 kb/s)	6.3	低于 200 ms	接近良
G.723(5.3 kb/s)	5.3	低于 200 ms	介于良和中之间

表 5-3　各种打包时长下带宽耗费对比表

编解码技术	20 ms 打包占用带宽(kb/s)	30 ms 打包占用带宽(kb/s)
G.711a/u	89.8	81.2
G.729	33.8	25.2
G.723(6.3 kb/s)	32.1	23.5
G.723(5.3 kb/s)	31.1	22.5

2M 线路带宽占用举例

表 5-4　20 ms 打包并发支持路数表

编解码技术	20 ms 打包占用带宽(kb/s)	支持的通路数(路)
G.711a/u	89.8	2×1024/89.8 ＝ 22
G.729	33.8	2×1024/33.8 ＝ 60
G.723(6.3 kb/s)	32.1	2×1024/32.1 ＝ 63
G.723(5.3 kb/s)	31.1	2×1024/31.1 ＝ 65

表 5-5　30 ms 打包并发支持路数表

编解码技术	30 ms 打包占用带宽(kb/s)	支持的通路数(路)
G.711a/u	81.2	2×1024/81.2 ＝ 25
G.729	25.2	2×1024/25.2 ＝ 81
G.723(6.3 kb/s)	23.5	2×1024/23.5 ＝ 87
G.723(5.3 kb/s)	22.5	2×1024/22.5 ＝ 91

5.5 SIP 协议

SIP 是 IETF 制定的多媒体通信协议,它是一个基于文本的应用层控制协议,独立于底层协议,用于建立、修改和终止 IP 网上的双方或多方的多媒体会话。从广义角度讲,SIP 在一个会话过程中起的作用与其他协议(如 No.7 信令)相同,完成的都是一个信令的接续。

下一代网络的一个重要目标是建立一个可管理的、高效的、可以扩展的业务平台,SIP作为应用层信令协议很好地满足了这一系列要求。SIP 具有很强的包容性,它既可以用于建立(如音频、视频、多方通话等)各种会话,也可以被用来传送即时消息和文件,这得益于它对 HTTP 等协议的吸收借鉴。这使运营商能通过统一的业务平台提供综合业务,实现网络的融合。SIP 在灵活、方便地提供业务方面具有多方面优点。NGN 网络涉及众多的协议,其中的会话发起协议 SIP(Session Initiation Protocol)是一个重要协议,越来越得到业界的重视,相信随着软交换产品的不断成熟,SIP 将成为主流的通信协议。

5.5.1 SIP 协议的功能和特点

SIP 协议的功能和特点如下:

(1) SIP 是一个客户/服务器协议。协议消息分为两类:请求和响应。协议消息的目的是建立或终结会话。

(2)"邀请"是 SIP 协议的核心机制。

(3) 响应消息分为两类:中间响应和最终响应。

(4) 媒体类型、编码格式、收发地址等信息由 SDP 协议(会话描述协议)来描述,并作为 SIP 消息的消息体和头部一起传送,因此,支持 SIP 的网元和终端必须支持 SDP。

(5) 采用 SIP URL 的寻址方式,特别地,其用户名字段可以是电话号码,以支持 IP 电话网关寻址,实现 IP 电话和 PSTN 的互通。

(6) SIP 的最强大之处就是永恒定位功能,用户定位基于登记和 DNS 机制。

(7) SIP 独立于低层协议,可采用不同的传送层协议。若采用 UDP 传送,要求响应消息沿请求消息发送的相同路径送回;若采用 TCP 传送,则同一事务的请求和响应需在同一TCP 连接上传送。

总之,SIP 主要支持以下 5 个方面的功能:

(1) 用户定位:确定通信所用的端系统位置。

(2) 用户能力交换:确定所用的媒体类型和媒体参数。

(3) 用户可用性判断:确定被叫方是否空闲和是否愿意加入通信。

(4) 呼叫建立:邀请和提示被叫,在主被叫之间传递呼叫参数。

(5) 呼叫处理:包括呼叫终结和呼叫转交。

5.5.2 SIP 的网络基本构成

SIP 协议虽然主要是为 IP 网络设计的,但它并不关心承载网络,也可以在 ATM、帧中继等承载网中工作。它是应用层协议,可以运行于 TCP、UDP、SCTP 等各种传输层协议之上。SIP 用户是通过类似于 E-mail 地址的 URL 标识,如 SIP:myname@mycompany.

com，通过这种方式可以用一个统一名字标识不同的终端和通信方式，为网络服务和用户使用提供充分的灵活性。

　　SIP 协议是一个 Client/Server 协议。SIP 端系统包括用户代理客户机（UAC）和用户代理服务器（UAS），其中 UAC 的功能是向 UAS 发起 SIP 请求消息，UAS 的功能是对 UAC 发来的 SIP 请求返回相应的应答。在 SS（Softswitch）中，可以把控制中心 Softswitch 看成一个 SIP 端系统，与 PSTN 互通的网关也相当于一个端系统。

　　按逻辑功能区分，SIP 系统由 4 种元素组成：用户代理（当接收到 SIP 请求时联系用户，并代表用户返回响应）、代理服务器（代理其他客户机发起请求，既充当服务器又充当客户机的媒介程序，它在转发请求之前可能改写消息的内容）、重定向服务器（当收到 SIP 消息时，把请求中的地址映射为 0 个或者多个新地址，返回给客户机）和注册服务器（收到客户机的注册消息，完成用户地址的注册）。SIP 网络基本架构如图 5-3 所示。

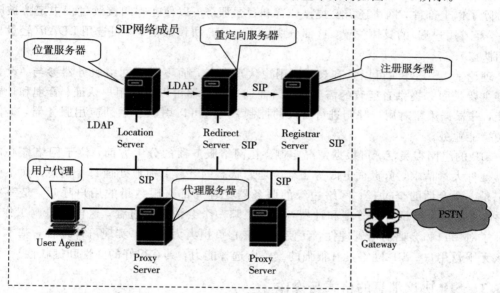

图 5-3　SIP 网络基本架构

1. 用户代理

　　用户代理（User Agent）分为两个部分：客户端（User Agent Client），负责发起呼叫；用户代理服务器（User Agent Server），负责接受呼叫并做出响应。二者组成用户代理存在于用户终端中。用户代理按照是否保存状态可分为有状态代理、有部分状态用户代理和无状态用户代理。

2. 代理服务器

　　代理服务器（Proxy Server）负责接收用户代理发来的请求，根据网络策略将请求发给相应的服务器，并根据收到的应答对用户做出响应。它可以根据需要对收到的消息进行改写后再发出。

3. 重定向服务器

　　重定向服务器务器（Redirect Serever）接收用户请求，把请求中的原地址映射为零个或多个地址，返回给客户机，客户机根据此地址重新发送请求。用于在需要的时候将用户新的位置返回给呼叫方,呼叫方可以根据得到的新位置重新呼叫。

4. 注册服务器

注册服务器(Registrar Server)用于接收和处理用户端的注册请求,完成用户地址的注册。

以上几种服务器可共存于一个设备中,也可以分布在不同的物理实体中。SIP 服务器完全是纯软件实现的,可以根据需要运行于各种工作站或专用设备中。UAC、UAS、Proxy Server 和 Redirect Server 是在一个具体呼叫事件中扮演的不同角色,而这样的角色不是固定不变的。一个用户终端在会话建立时扮演 UAS,而在主动发起拆除连接时,则扮演 UAC。一个服务器在正常呼叫时作为 Proxy Server,而如果其所管理的用户移动到了别处,或者网络对被呼叫地址有特别策略,则它将扮演 Redirect Server,告知呼叫发起考该用户新的位置。

除了以上部件,网络还需要提供位置和目录服务,以便在呼叫接续过程中定位被叫方(服务器或用户端)的具体位置。这部分协议不是 SIP 协议的范畴,可选用 LDAP(轻量目录访问协议)等。

理论上,SIP 呼叫可以只有双方的用户代理参与,而不需要网络服务器参与。设置服务器主要是服务提供者运营的需要。运营商通过服务器可以实现用户认证、管理和计费等功能,并根据策略对用户呼叫进行有效的控制。同时可以引入一系列应用服务器,提供丰富的智能业务。

SIP 的组网很灵活,可根据情况定制。在网络服务器的分工方面:位于网络核心的服务器处理大量请求,负责重定向等工作,是无状态的,它个别地处理每个消息,而不必跟踪纪录一个会话的全过程;网络边缘的服务器处理局部有限数量的用户呼叫,是有状态的,负责对每个会话进行管理和计费,需要跟踪一个会话的全过程。这样的协调工作,既保证了对用户和会话的可管理性,又使网络核心负担大大减轻,实现可伸缩性,基本可以接入无限量用户。SIP 网络具有很强的重路由选择能力,具有很好的弹性和健壮性。

5.5.3　SIP 协议消息的格式与操作

SIP 是 IETF 提出的在 IP 网络上进行多媒体通信的应用层控制协议,可用于建立、修改、终结多媒体会话和呼叫,号称通信技术的"TCP/IP",SIP 协议采用基于文本格式的客户—服务器方式,以文本的形式表示消息的语法、语义和编码,客户机发起请求,服务器进行响应。SIP 独立于底层协议——TCP、UDP 和 SCTP,采用自己的应用层可靠性机制来保证消息的可靠传送。有关 SIP 协议的详细内容参见 IETF RFC3261。

SIP 消息有两种:客户机到服务器的请求(Request)和服务器到客户机的响应(Response)。

SIP 消息由一个起始行(Start-line)、一个或多个字段(field)组成的消息头、一个标志消息头结束的空行(CRLF)以及作为可选项的消息体(Message body)组成。其中,描述消息体(message body)的头称为实体头(entity header),其格式如下:

SIP 消息=请求行/状态行

　　　　＊消息头部(1 个或多个头部)

　　　　CRLF(空行)

　　　　[消息体]

　　起始行分请求行(Request-line)和状态行(Status-line)两种，其中请求行是请求消息的起始行，状态行是响应消息的起始行。

　　消息头分通用头（General-header）、请求头（Request-header）、响应头（Response-header)和实体头(Entity-header)等 4 种。如图 5 - 4 所示，其消息结构如下：

　　　　SIP 消息＝请求行/状态行

　　　　　　＊消息头部(1 个或多个头部)

　　　　　CRLF(空行)

　　　　［消息体］

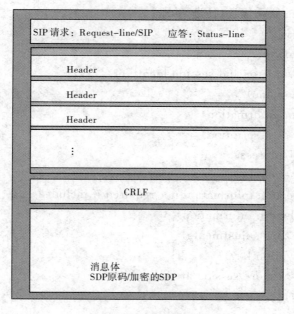

图 5 - 4　SIP 消息结构

1. SIP URL 结构

URL 格式：

　　SIP：用户名：口令@主机：端口；传送参数；用户参数；方法参数；生存期参数；服务器地址参数

URL 形式：

　　USER@HOST；

用途：代表主机上的某个用户，可指示 From、To、Request URI、Contact 等 SIP 头部字段。

URL 应用举例：

SIP：j. doe@big. com

SIP：j. doe：secret@big. com；transport＝tcp；subject＝project

SIP：＋1－212－555－1212：1234@gateway. com；user＝phone

SIP：alice@10. 1. 2. 3

SIP：alice@registar. com；method＝REGISTER

2. SDP 会话描述协议简介

消息体通过 SDP 体进行描述。SDP(Session Description Protocol)会话描述协议是描述会话媒体信息的协议，包括会话的地址、时间、媒体和建立等信息，具体内容如下：

(1) 会话名和目的。

(2) 会话激活的时间段。

(3) 构成会话的媒体。

(4) 接收这些媒体所需的信息(地址、端口、格式)。

(5) 会话所用的带宽信息(任选)。

(6) 会话负责人的联系信息(任选)。

SDP 的会话级描述：

    v＝ (protocol version)

    o＝ (owner/creator and session identifier)

    s＝ (session name)

    i＝ * (session information)

    u＝ * (URI of description)

    e＝ * (email address)

    p＝ * (phone number)

    c＝ * (connection information-not required if included in all media)

    b＝ * (bandwidth information)

    z＝ * (time zone adjustments)

    k＝ * (encryption key)

    a＝ * (zero or more session attribute lines)

SDP 的媒体级描述：

    m＝ (media name and transport address)

    i＝ * (media title)

    c＝ * (connection information-optional if included at session-level)

    b＝ * (bandwidth information)

    k＝ * (encryption key)

    a＝ * (zero or more media attribute lines)

SDP 描述举例：

    v＝0

    o＝bell 53655765 2353687637 IN IP4 128.4.5.5

    s＝Mr. Watson, come here

    i＝A Seminar on the session description protocol

    t＝3149328600 0

    c＝IN IP4 kton. bell-tel. com

    m＝audio 3456 RTP/AVP 0 3 4 5

    a＝RTPmap：0 PCMU/8000

    a＝RTPmap：3 GSM/8000

    a＝RTPmap：4 G723/8000

　　　　　a＝RTPmap：5 DVI4/8000

　　v：版本为 0

　　o：会话源：用户名 bell，会话标识 53655765，版本 2353687637，网络类型 Internet，地址类型 IPv4，地址 128.4.5.5

　　s：(会话名：Mr. Watson, come here.)

　　i：(会话信息：)

　　t：(起始时间：t＝3149328600(NTP 时间值)，终止时间：无)

　　c：(连接数据：网络类型 internet，地址类型 Ipv4，连接地址 kton. bell-tel. com)

　　m：(媒体格式：媒体类型 audio，端口号 3456，传送层协议 RTP/AVP，格式列表为 0345)

　　a：(净荷类型 0，编码名 PCMU，抽样速度为 8 kHz)

　　a：(净荷类型 3，编码名 GSM，抽样速度为 8 kHz)

　　a：(净荷类型 4，编码名 G723，抽样速度为 8 kHz)

　　a：(净荷类型 5，编码名 DVI4，抽样速度为 8 kHz)

　　总之，SDP 有如下的特点：

　　(1) 描述会话信息的协议；

　　(2) 与具体的传输协议无关；

　　(3) 文本形式，格式要求严格；

　　(4) 包含会话级描述和媒体级描述；

　　(5) 可扩展。

3. SIP 请求消息

　　请求消息的格式如下：

　　　　Request＝Request-line

　　　　　　　＊(general-header

　　　　　　　|request-header

　　　　　　　|entiy-header

　　　　　　　[message body]

　　请求行(Request-line)以方法(Method)标记开始，后面是 Requst-URI 和协议版本(SIP-version)，最后以回车键结束，各个元素间用空格键字符间隔：

　　　　RequesLine＝Method SP Request‐URI SP SIP‐verison CRLF

　　SIP 用术语"Method"来对说明部分加以描述，Method 标识是区分大小写的。

　　　　Method＝"Invite"|"Ack"|Option|"Bye"

　　　　|"CANCEL"|"Register"||"Info"

　　SIP 定义了以下几种方法(Methods)：

　　(1) Invite 方法用于邀请用户或服务参加一个会话。在 Invite 请求的消息体中可对被叫方被邀请参加的会话加以描述，如主叫方能接收的媒体类型、发出的媒体类型及其一些参数；对 Invite 请求的成功响应必须在响应的消息体中说明被叫方愿意接收哪种媒体，或者说明被叫方发出的媒体。服务器可以自动地用 200(OK)响应会议邀请。

　　(2) Ack 请求用于客户机向服务器证实它已经收到了对 Invite 请求的最终响应。Ack

只和 Invite 请求一起使用。对 2xx 最终响应的证实由客户机用户代理发出，对其他最终响应的证实由收到响应的第一个代理或第一个客户机用户代理发出。Ack 请求的 To、From、Call-ID 和 Cseq 字段的值由对应的 Invite 请求的相应字段的值复制而来。

（3）Options 用于向服务器查询其能力。如果服务器认为它能与用户联系，则可用一个能力集响应 OPTIONS 请求；对于代理和重定向服务器只要转发此请求，不用显示其能力。

Options 的 From 和 To 分别包含主被叫的地址信息，对 Options 请求的响应中的 From、To（可能加上 tag 参数）和 Call-ID 字段的值由 Options 请求中相应的字段值复制得到。

（4）Bye：用户代理客户机用 Bye 请求向服务器表明它想释放呼叫。Bye 请求可以像 INVITE 请求那样被转发，可由主叫方发出也可由被叫方发出。呼叫的一方在释放（挂断）呼叫前必须发出 Bye 请求，收到 Bye 请求的这方必须停止发送媒体流给发出 Bye 请求的一方。

（5）Cancel 请求用于取消一个 Call-ID，To，From 和 Cseq 字段值相同的正在进行的请求，但取消不了已经完成的请求（如果服务器返回一个最终状态响应，则认为请求已完成）。

Cancel 请求中的 Call-ID、To 和 Cseq 的数字部分及 From 字段和原请求的对应字段值相同，从而使 Cancel 请求与它要取消的请求匹配。

（6）Register 方法用于客户机向 SIP 服务器注册列在 To 字段中的地址信息。

Register 请求消息头中各个字段的含义定义如下：

· To：含有要创建或更新的注册地址记录。

· From：含有提出注册的人的地址记录。

· Request-URI：注册请求的目的地址，地址的域部分的值即为主管注册者所在的域，而主机部分必须为空。一般，Request-URI 中的地址的域部分的值和 To 中的地址的域部分的值相同。

· Call-ID：用于标识特定客户机的注册请求。来自同一个客户机的注册请求至少在相同重启周期内 Call-ID 字段值应该相同；用户可用不同的 Call-ID 值注册不同的地址，后面的注册请求将替换前面的所有请求。

· Cseq：Call-ID 字段值相同的注册请求的 CSeq 字段值必须是递增的，但次序无关系，服务器并不拒绝无序请求。

· Contact：此字段是可选项，用于把以后发送到 To 字段中的 URI 的非注册请求转到 Contact 字段给出的位置。如果请求中没有 Contact 字段，那么注册保持不变。

· Expires：表示注册的截止期。

（7）Info 方法是对 SIP 协议的扩展，用于传递会话产生的与会话相关的控制信息，如 ISUP 和 ISDN 信令消息。

其他扩展的含义如下：

· RE－invite：用来改变参数；

· Prack：与 ACK 作用相同，但又是用于临时响应；

· Subscribe：该方法用来向远端端点预定其状态变化的通知；

· Notify：该方法发送消息以通知预定者它所预定的状态的变化；

· Update：允许客户更新一个会话的参数而不影响该会话的当前状态；

· Message：通过在其请求体中承载即时消息内容实现即时淋色；

· Refer：其功能是指示接受方通过使用在请求中提供的联系地址信息联系第三方。

4. SIP 响应消息

响应消息格式如下：

Response = Status-line
　* (general-header
　|response-header
　|entiy-header
　CRLF
　[message-body]

状态行(Status-line)以协议版本开始，接下来是用数字表示的状态码(Status-code)及相关的文本说明，最后以回车键结束，各个元素间用空格字符(SP)间隔，除了在最后的 CRLF 序列中，这一行别的地方不许使用回车或换行字符。

Status-line = SIP-version SP Status-code SP Reason-phrase CRLF

SIP 协议中用三位整数的状态码(Status-code)和原因码(Reason-code)来表示对请求做出的回答。状态码用于机器识别操作，原因短语(Reason-phrase)是对状态码的简单文字描述，用于人工识别操作。其格式如下：

Status-code = 1xx(Informational)
　　　　　　 |2xx(Success)
　　　　　　 |3xx(Redirection)
　　　　　　 |4xx(Client-error)
　　　　　　 |5xx(Server-error)
　　　　　　 |6xx(Global-failure)

状态码的第一个数字定义响应的类别，在 SIP2.0 中第一个数字有 6 个值，定义如下：

(1) 1xx(Informational)：请求已经收到，继续处理请求。

(2) 2xx(Success)：行动已经成功地收到，理解和接受。

(3) 3xx(Redirection)：为完成呼叫请求，还须采取进一步的动作。

(4) 4xx(Client Error)：请求有语法错误或不能被服务器执行。客户机需修改请求，然后再重发请求。

(5) 5xx(Server Error)：服务器出错，不能执行合法请求。

(6) 6xx(Globoal Failure)：任何服务器都不能执行请求。

其中，1xx 响应为暂时响应(Provisional Response)，其他响应为最终响应(Final Response)。

5.5.4　SIP 协议的主要消息头字段

1. 消息头字段

(1) "From:"字段。所有请求和响应消息必须包含"From："字段，以指明请求的发起者。服务器将此字段从请求消息复制到响应消息。

该字段的一般格式为：

From：显示名〈SIP URL〉；tag=xxx

From 字段的示例为：

From：“A. G. Bell”＜SIP：agb@bell－telephone. com＞

（2）“To：”字段。“To：”字段指明请求的接收者，其格式与 From 相同，仅第一个关键词代之以“To：”。所有请求和响应都必须包含此字段。

（3）“Call ID：”字段。该字段用以唯一标识一个特定的邀请或标识某一客户的所有登记。用户可能会收到数个参加同一会议或呼叫的邀请，其 Call ID 各不相同，用户可以利用会话描述中的标识，例如，SDP 中的 o（源）字段的会话标识和版本号判定这些邀请的重复性。

该字段的一般格式为：

    Call ID：本地标识@主机

其中，主机应为全局定义域名或全局可选路 IP 地址。

Call ID 的示例可为：

    Call ID：19771105@foo. bar. com

（4）“Cseq：”字段。命令序号。客户在每个请求中应加入此字段，它由请求方法和一个十进制序号组成。序号初值可为任意值，其后具有相同的 Call ID 值，但不同请求方法、头部或消息体的请求，其 Cseq 序号应加 1。重发请求的序号保持不变。Ack 和 CANCEL 请求的 Cseq 值与对应的 INVITE 请求相同，BYE 请求的 Cseq 值应大于 INVITE 请求，由代理服务器并行分发的请求，其 Cseq 值相同。服务器将请求中的 Cseq 值复制到响应消息中去。

Cseq 的示例为：

    Cseq：4711 INVITE

（5）“Via：”字段。该字段用以指明请求经历的路径。它可以防止请求消息传送产生环路，并确保响应和请求的消息选择同样的路径。

该字段的一般格式为：

    Via：发送协议 发送方；参数

其中，发送协议的格式为：协议名/协议版本/传送层，发送方为发送方主机和端口号。

Via 字段的示例可为：

    Via：SIP/2. 0/UDP first. example. com：4000

（6）“Contact：”字段。该字段用于 INVITE、ACK 和 REGISTER 请求以及成功响应、呼叫进展响应和重定向响应消息，其作用是给出其后和用户直接通信的地址。

Contact 字段的一般格式为：

    Contact：地址；参数

其中，Contact 字段中给定的地址不限于 SIP URL，也可以是电话、传真等 URL 或 mailto：URL。其示例可为：

    Contact：“Mr. Watson”＜SIP：waston@worcester. bell-telephone. com＞

2. 消息实例与操作

（1）请求消息的实例与操作。

以下为一请求消息的格式：

    //向 SIP：bob@acme. com 发起呼叫，协议版本号 2. 0

    INVITE SIP：bob@acme. com SIP/2. 0

VIA：SIP/2.0/UDP alice_ws. radvision. com　　//通过 Proxy：alice_ws. radvision. com

From：Alice A.　　　　　　　//发起呼叫的用户的标识

To：Bob B.　　　　　　　　//所要呼叫的用户

Call-ID：2388990012@alice_ws. radvision. com　　//对这一呼叫的唯一标识

CSeq：1　　　　　　　　　//命令序号，标识一个事件

Subject：Lunce today.　　　　//呼叫的名字或属性

Content-lenth：182　　　　　//消息体的字节长度

[一个空白行标识消息头结束，消息体开始]

v=0　　　　　　　　　//SDP 协议版本号

o=Alice 53655765 2353687637 IN IPV4 128.4.5.5//会话建立者和会话的标识，会话版本，地址的协议类型，地址

s=Call from alice　　　　　//会话的名字

c=IN IPv4 alice_ws. radvision　　// 连接的信息

M=audio 3456 RTP/AVP 0 3 4 5//对媒体流的描述：类型、端口，呼叫者希望收发的格式

通过以上的例子，可以对 SIP 协议有一个基本认识。除了在建立会话时进行各种消息交互外，SIP 终端还可以在会话过程中，发出消息改变或添加会话的某些属性。例如，用户在进行语音通话的过程中，想增加视频道信，可以在不中断通话的情况下，发送新的INVITE消息，打开双方的视频媒体，使通话变成可视，这为用户的使用带来很大的灵活性。

（2）响应消息的实例与操作。

SIP 响应消息状态码举例：

　　100　Trying

　　181　Call Is Being Forwarded

　　182　Queued

　　200　OK

　　301　Moved Permanently

　　302　Moved Temporarily

　　400　Bad Request

　　404　Not Found

　　405　Not Allowed

　　500　Internal Server Error

　　504　Gateway Time-out

　　600　Busy Everywhere

SIP 响应消息举例：

　　S->C：SIP/2.0 200 OK

　　Via：SIP/2.0/UDP kton. bell-tel. com

　　From：A. Bell <sip：a. g. bell@bell-tel. com>

　　To：<sip：Watson@bell-tel. com> ；tag=37462311

　　Call-ID：662606876@kton. bell-tel. com

CSeq：1 INVITE

Contact：sip：Watson@Boston. bell-tel. com

Content-type：application/sdp

Content-length：…

v＝0

o＝Watson 4858949 4858949 IN IP4 192. 1. 2. 3

s＝I'm on my way

c＝IN IP4 Boston. bell-tel. com

m＝audio 5004 RTP/AVP 0 3

5.5.5　SIP 呼叫流程

1. 注册注销过程

SIP 为用户定义了注册和注销过程，其目的是可以动态建立用户的逻辑地址和其当前联系地址之间的对应关系，以便实现呼叫路由和对用户移动性的支持。逻辑地址和联系地址的分离也方便了用户，它不论在何处、使用何种设备，都可以通过唯一的逻辑地址进行通信。

注册/注销过程是通过 REGISTER 消息和 200 OK 成功响应来实现的。在注册/注销时，用户将其逻辑地址和当前联系地址通过 REFGISTER 消息发送给其注册服务器，注册服务器对该请求消息进行处理，并以 200 OK 成功响应消息通知用户注册注销成功。

2. 呼叫过程

SIP IP 电话系统中的呼叫是通过 Invite 邀请请求、200 OK 成功响应和 Ack 确认请求的三次握手来实现的，即当主叫用户代理要发起呼叫时，它构造一个 Invite 消息，并发送给被叫，被叫收到邀请后决定接受该呼叫，就回送一个成功响应（状态码为 200），主叫方收到成功响应后，向对方发送 ACK 请求，被叫收到 ACK 请求后，呼叫成功建立。

呼叫的终止通过 BYE 请求消息来实现。当参与呼叫的任一方要终止呼叫时，它就构造一个 BYE 请求消息，并发送给对方。对方收到 BYE 请求后，释放与此呼叫相关的资源，回送一个成功响应，表示呼叫已经终止。

当主/被叫双方已建立呼叫，如果任一方想要修改当前的通信参数（通信类型、编码等），可以通过发送一个对话内的 Invite 请求消息（称为 Re-invite）来实现。

3. 重定向过程

当重定向服务器（其功能可包含在代理服务器和用户终端中）收到主叫用户代理的Invite邀请消息，它通过查找定位服务器发现该呼叫应该被重新定向（重定向的原因有多种，如用户位置改变、实现负荷分担等），就构造一个重定向响应消息（状态码为 3xx），将新的目标地址回送给主叫用户代理。主叫用户代理收到重定向响应消息后，将逐一向新的目标地址发送 Invite 邀请，直至收到成功响应并建立呼叫。如果尝试了所有的新目标都无法建立呼叫，则本次呼叫失败。

4. 能力查询过程

SIP IP 电话系统还提供了一种让用户在不打扰对方用户的情况下查询对方通信能力的手段。可查询的内容包括对方支持的请求方法（Methods）、支持的内容类型、支持的扩展项、支持的编码等。

　　能力查询通过 Option 请求消息来实现。当用户代理想要查询对方的能力时，它构造一个 Option 请求消息，发送给对方。对方收到该请求消息后，将自己支持的能力通过响应消息回送给查询者。如果此时自己可以接收呼叫，就发送成功响应（状态码为 200）；如果此时自己忙，就发送自身忙响应（状态码为 486）。因此，能力查询过程也可以用于查询对方的忙闲状态，看是否能够接受呼叫。

　　SIP 中的呼叫是通过 INVITE 邀请请求、200 OK 成功响应和 ACK 确认请求的 3 次握手来实现的，即当主叫用户代理要发起呼叫时，它构造一个 INVITE 消息，并发送给被叫，被叫收到邀请后决定接受该呼叫，就回送一个成功响应（状态码为 200），主叫方收到成功响应后，向对方发送 ACK 请求，被叫收到 ACK 请求后，呼叫成功建立。

　　呼叫的终止通过 BYE 请求消息来实现。当参与呼叫的任一方要终止呼叫时，它就构造一个 BYE 请求消息，并发送给对方。对方收到 BYE 请求后，释放与此呼叫相关的资源，回送一个成功响应，表示呼叫已经终止。

　　当主/被叫双方已建立呼叫，如果任一方想要修改当前的通信参数（通信类型、编码等），可以通过发送一个对话内的 INVITE 请求消息（称为 Re-INVITE）来实现。

　　SIP 请求消息如下：

　　(1) Invite——通过邀请用户参与来发起一次呼叫。

　　(2) ACK——请求用于证实 UAC 已收到对于 INVITE 请求的最终响应，与 Invite 消息配套使用。

　　(3) BYE USER AGENT 用此方法指示释放呼叫。

　　(4) Cancel——该方法用于取消一个尚未完成的请求，对于已完成的请求则无影响。

　　(5) Reglster——客户使用该方法在服务器上登记列于 To 字段中的地址。

　　(6) Options——用于询问服务其能力。

　　(7) Info——用于承载带外信息，如 DTMF 信息。

　　SIP 响应消息如下：

　　(1) 1xx——正在处理的信息。

　　(2) 2xx——成功。

　　(3) 3xx——重定向。

　　(4) 4xx——Client 错误。

　　(5) 5xx——Server 错误。

　　(6) 6xx——Global 错误。

　　图 5-5 给出了终端 A 和终端 B 通过两个代理服务器进行呼叫的流程。

　　(1) PROXY2 将 Invite 请求转发到用户 B。

　　(2) PROXY2 向 PROXY1 发送确认消息"100 Trying"，同时终端 B 振铃，向其归属的代理服务器（软交换）PROXY2 返回"180 Ringing"响应。PROXY2 向 PROXY1 转发"180 Ringing"；PROXY1 向用户 A 转发"180 Ringing"，用户 A 所属的终端播放回铃音。

　　(3) 用户 B 摘机，终端 B 向其归属的代理服务器（软交换）PROXY2 返回对 Invite 请求的"200 OK"响应，在该消息中的消息体中带有用户 B 的媒体属性 SDP 描述。

　　(4) PROXY2 向 PROXY1 转发"200 OK"；PROXY1 向用户 A 转发"200 OK"；用户 A 发送针对 200 响应的 Ack 确认请求消息；PROXY1 向 PROXY2 转发 ACK 请求消息。

（5）PROXY2 向用户 B 转发 Ack 请求消息，用户 A 与用户 B 之间建立双向 RTP 媒体流。

（6）用户 B 挂机，用户 B 向归属的代理服务器（软交换）PROXY2 发送 BYE 请求消息；PROXY2 向 PROXY1 转发 Bye 请求消息；PROXY1 向用户 A 转发 BYE 请求消息；用户 A 返回对 BYE 请求的 200 OK 响应消息；PROXY1 向 PROXY2 转发 200 OK 请求消息；PROXY2 向用户 B 转发 200 OK 响应消息，通话结束。

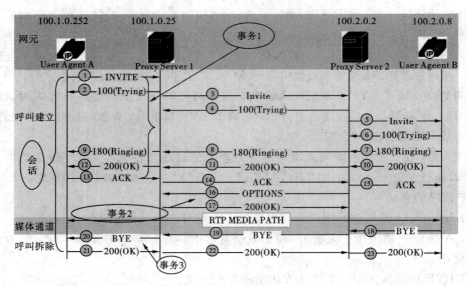

图 5 - 5　SIP 协议传送方式

5.5.6　SIP 消息实例

本节具体介绍几种常见的呼叫过程中所涉及的 SIP 消息，如图 5 - 6 所示，包括发起呼叫过程、接受呼叫过程、终止呼叫或拒绝请求过程、取消邀请过程、转接过程等。

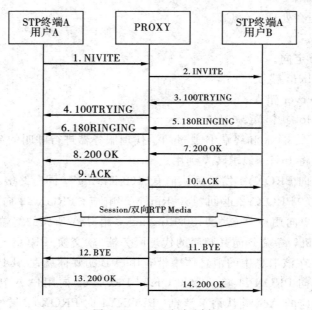

图 5 - 6　SIP 呼叫示例

1. 发起呼叫过程

　　// 发出 Invite 请求

　　Request：Invite SIP：100@172. 20. 16. 107 SIP/2. 0

　　Via：SIP/2. 0/UDP 172. 20. 16. 107；5060；rport；

branch＝z9hG4bK5DF007802335421F9A6DAE3DC9B49E54.

　　From：300 ＜SIP：300@172. 20. 16. 107＞；tag＝2549473886

　　To：＜SIP：100@172. 20. 16. 107＞

　　Contact：＜SIP：300@172. 20. 16. 107；5060＞

　　Call-ID：B2ADB3A5-CCB1-485D-AB6C-17D70D82D76E@172. 20. 16. 107

　　CSeq：22243 Invite

　　Content-type：application/sdp

　　// 返回响应 100 Trying

　　Response：SIP/2. 0 100 Trying

　　Via：SIP/2. 0/UDP 172. 20. 16. 107；5060；

branch＝z9hG4bK5DF007802335421F9A6DAE3DC9B49E54

　　From：300 ＜SIP：300@172. 20. 16. 107＞；tag＝2549473886

　　To：＜SIP：100@172. 20. 16. 107＞；tag＝as30112a7b

　　Call-ID：B2ADB3A5-CCB1-485D-AB6C-17D70D82D76E@172. 20. 16. 107

　　CSeq：22243 Invite

　　Contact：＜SIP：100@172. 20. 16. 146＞

　　// 如果被邀请方收到 Invite 请求，在应答呼叫之前接收到响应 180 Ringing

　　Response：SIP/2. 0 180 Ringing

　　Via：SIP/2. 0/UDP 172. 20. 16. 107；5060；

branch＝z9hG4bK5DF007802335421F9A6DAE3DC9B49E54

　　From：300 ＜SIP：300@172. 20. 16. 107＞；tag＝2549473886

　　To：＜SIP：100@172. 20. 16. 107＞；tag＝as30112a7b

　　Call-ID：B2ADB3A5-CCB1-485D-AB6C-17D70D82D76E@172. 20. 16. 107

　　CSeq：22243 Invite

　　Contact：＜SIP：100@172. 20. 16. 146＞

　　// 收到被邀请方应答呼叫的响应 200 OK

　　Response：SIP/2. 0 200 OK

　　Via：SIP/2. 0/UDP 172. 20. 16. 107；5060；

branch＝z9hG4bK5DF007802335421F9A6DAE3DC9B49E54

　　From：300 ＜SIP：300@172. 20. 16. 107＞；tag＝2549473886

　　To：＜SIP：100@172. 20. 16. 107＞；tag＝as30112a7b

　　Call-ID：B2ADB3A5-CCB1-485D-AB6C-17D70D82D76E@172. 20. 16. 107

CSeq：22243 INVITE

Contact：＜SIP：100@172. 20. 16. 146＞

// 呼叫发起方收到 200 OK 消息，直接发送一个 ACK 确认消息给被邀请方

Request：ACK SIP：100@172. 20. 16. 146 SIP/2. 0

Via：SIP/2. 0/UDP 172. 20. 16. 107：5060；rport；

branch＝z9hG4bK30F7F7B47E45499BAC441059EFA2DEA2

From：300 ＜SIP：300@172. 20. 16. 107＞；tag＝2549473886

To：＜SIP：100@172. 20. 16. 107＞；tag＝as30112a7b

Contact：＜SIP：300@172. 20. 16. 107：5060＞

Call-ID：B2ADB3A5-CCB1-485D-AB6C-17D70D82D76E@172. 20. 16. 107

CSeq：22243 ACK

2. 接受呼叫过程

// 接收到 Invite 请求

Request：Ivnite SIP：300@172. 20. 16. 107 SIP/2. 0

Via：SIP/2. 0/UDP 172. 20. 16. 146：5060；branch＝z9hG4bK5490f4d8

From："ppp" ＜SIP：100@172. 20. 16. 146＞；tag＝as45eb9e71

To：＜SIP：300@172. 20. 16. 107＞

Contact：＜SIP：100@172. 20. 16. 146＞

Call-ID：0ee9bea806059b0f2770ce5c060d5251@172. 20. 16. 146

CSeq：102 Invite

Date：Tue, 15 Mar 2005 05：41：21 GMT

// 发送回应 100 Trying

Response：SIP/2. 0 100 Trying

Via：SIP/2. 0/UDP 172. 20. 16. 146：5060；branch＝z9hG4bK5490f4d8

From："ppp" ＜SIP：100@172. 20. 16. 146＞；tag＝as45eb9e71

To：＜SIP：300@172. 20. 16. 107＞；tag＝3363667257

Contact：＜SIP：300@172. 20. 16. 107：5060＞

Call-ID：0ee9bea806059b0f2770ce5c060d5251@172. 20. 16. 146

CSeq：102 Invite

// 如果接受邀请，则在接受之前发送回应 180 Ringing

Response：SIP/2. 0 180 Ringing

Via：SIP/2. 0/UDP 172. 20. 16. 146：5060；branch＝z9hG4bK5490f4d8

From："ppp" ＜SIP：100@172. 20. 16. 146＞；tag＝as45eb9e71

To：＜SIP：300@172. 20. 16. 107＞；tag＝3363667257

Contact：＜SIP：300@172. 20. 16. 107：5060＞

Call-ID：0ee9bea806059b0f2770ce5c060d5251@172. 20. 16. 146

CSeq：102 Invite

如果决定应答呼叫，则发送 200 Ok 消息

Response：SIP/2. 0 200 Ok

Via：SIP/2. 0/UDP 172. 20. 16. 146；5060；branch＝z9hG4bK5490f4d8

From："ppp" ＜SIP：100@172. 20. 16. 146＞；tag＝as45eb9e71

To：＜SIP：300@172. 20. 16. 107＞；tag＝3363667257

Contact：＜SIP：300@172. 20. 16. 107；5060＞

Call-ID：0ee9bea806059b0f2770ce5c060d5251@172. 20. 16. 146

CSeq：102 Invite

// 接收到邀请方发来的 ACK 确认消息

Request：Ack SIP：300@172. 20. 16. 107；5060 SIP/2. 0

Via：SIP/2. 0/UDP 172. 20. 16. 146；5060；branch＝z9hG4bK74cf8e58

From："ppp" ＜SIP：100@172. 20. 16. 146＞；tag＝as45eb9e71

To：＜SIP：300@172. 20. 16. 107＞；tag＝3363667257

Contact：＜SIP：100@172. 20. 16. 146＞

Call-ID：0ee9bea806059b0f2770ce5c060d5251@172. 20. 16. 146

CSeq：102 ACK

3. 终止呼叫或拒绝接受邀请过程

// 发送 BYE 消息

Request：Bye SIP：100@172. 20. 16. 146 SIP/2. 0

Via：SIP/2. 0/UDP 172. 20. 16. 107；5060；rport；
branch＝z9hG4bK2CF3B0C22620465D988E1CC2C8A71C56

From：300 ＜SIP：300@172. 20. 16. 107＞；tag＝2549473886

To：＜SIP：100@172. 20. 16. 107＞；tag＝as30112a7b

Contact：＜SIP：300@172. 20. 16. 107；5060＞

Call-ID：B2ADB3A5-CCB1-485D-AB6C-17D70D82D76E@172. 20. 16. 107

CSeq：22244 BYE

返回 200 OK 消息

Response：SIP/2. 0 200 OK

Via：SIP/2. 0/UDP 172. 20. 16. 107；5060；
branch＝z9hG4bK2CF3B0C22620465D988E1CC2C8A71C56

From：300 ＜SIP：300@172. 20. 16. 107＞；tag＝2549473886

To：＜SIP：100@172. 20. 16. 107＞；tag＝as30112a7b

Call-ID：B2ADB3A5-CCB1-485D-AB6C-17D70D82D76E@172. 20. 16. 107

CSeq：22244 BYE

Contact：＜SIP：100@172. 20. 16. 146＞

4. 取消邀请过程

// 发出 Invite 请求

Request：INVITE SIP：100@172. 20. 16. 107 SIP/2. 0

Via：SIP/2. 0/UDP 172. 20. 16. 107；5060；rport；

branch＝z9hG4bKE7C2E749AA8B49C693EA90BE1BB367D6

From：300 ＜SIP：300@172. 20. 16. 107＞；tag＝1829163469

To：＜SIP：100@172. 20. 16. 107＞

Contact：＜SIP：300@172. 20. 16. 107；5060＞

Call-ID：7C09DBD4-85DE-4DA7-8881-A9B309F8E672@172. 20. 16. 107

CSeq：41305 Invite

// 返回响应 100 Trying

Response：SIP/2. 0 100 Trying

Via：SIP/2. 0/UDP 172. 20. 16. 107；5060；

branch＝z9hG4bKE7C2E749AA8B49C693EA90BE1BB367D6

From：300 ＜SIP：300@172. 20. 16. 107＞；tag＝1829163469

To：＜SIP：100@172. 20. 16. 107＞；tag＝as3324adcc

Call-ID：7C09DBD4-85DE-4DA7-8881-A9B309F8E672@172. 20. 16. 107

CSeq：41305 INVITE

Contact：＜SIP：100@172. 20. 16. 146＞

// 返回响应 180 Ringing

Response：SIP/2. 0 180 Ringing

Via：SIP/2. 0/UDP 172. 20. 16. 107；5060；

branch＝z9hG4bKE7C2E749AA8B49C693EA90BE1BB367D6

From：300 ＜SIP：300@172. 20. 16. 107＞；tag＝1829163469

To：＜SIP：100@172. 20. 16. 107＞；tag＝as3324adcc

Call-ID：7C09DBD4-85DE-4DA7-8881-A9B309F8E672@172. 20. 16. 107

CSeq：41305 INVITE

Contact：＜SIP：100@172. 20. 16. 146＞

取消 INVITE 请求

Request：CANCEL SIP：100@172. 20. 16. 107 SIP/2. 0

Via：SIP/2. 0/UDP 172. 20. 16. 107；5060；rport；

branch＝z9hG4bKE7C2E749AA8B49C693EA90BE1BB367D6

From：300 ＜SIP：300@172. 20. 16. 107＞；tag＝1829163469

To：＜SIP：100@172. 20. 16. 107＞

Contact：＜SIP：300@172. 20. 16. 107；5060＞

Call-ID：7C09DBD4-85DE-4DA7-8881-A9B309F8E672@172. 20. 16. 107

CSeq：41305 CANCEL

返回 487 请求终止应答

Response：SIP/2. 0 487 Request Terminated

Via：SIP/2. 0/UDP 172. 20. 16. 107；5060；

branch＝z9hG4bKE7C2E749AA8B49C693EA90BE1BB367D6

From：300 ＜SIP：300@172.20.16.107＞；tag＝1829163469

To：＜SIP：100@172.20.16.107＞；tag＝as3324adcc

Call-ID：7C09DBD4-85DE-4DA7-8881-A9B309F8E672@172.20.16.107

CSeq：41305 INVITE

Contact：＜SIP：100@172.20.16.146＞

//返回应答 200 OK

Response：SIP/2.0 200 OK

Via：SIP/2.0/UDP 172.20.16.107：5060；

branch＝z9hG4bKE7C2E749AA8B49C693EA90BE1BB367D6

From：300 ＜SIP：300@172.20.16.107＞；tag＝1829163469

To：＜SIP：100@172.20.16.107＞；tag＝as3324adcc

Call-ID：7C09DBD4-85DE-4DA7-8881-A9B309F8E672@172.20.16.107

CSeq：41305 CANCEL

Contact：＜SIP：100@172.20.16.146＞

//发送 Ack 确认消息

Request：ACK SIP：100@172.20.16.107 SIP/2.0

Via：SIP/2.0/UDP 172.20.16.107：5060；rport；

branch＝z9hG4bKE7C2E749AA8B49C693EA90BE1BB367D6

From：300 ＜SIP：300@172.20.16.107＞；tag＝1829163469

To：＜SIP：100@172.20.16.107＞；tag＝as3324adcc

Contact：＜SIP：300@172.20.16.107：5060＞

Call-ID：7C09DBD4-85DE-4DA7-8881-A9B309F8E672@172.20.16.107

CSeq：41305 ACK

5. 转接过程

//发送 Bye 消息

Request：BYE SIP：300@172.20.16.107：5060 SIP/2.0 ＜CR＞ ＜LF＞

Via：SIP/2.0/UDP 172.20.16.146：5060；branch＝z9hG4bK417b6471；rport ＜CR＞ ＜LF＞ ..

From："ppp" ＜SIP：100@172.20.16.146＞；tag＝as532e99b3 ＜CR＞ ＜LF＞

To：＜SIP：300@172.20.16.107＞；tag＝999672062 ＜CR＞ ＜LF＞

Contact：＜SIP：100@172.20.16.146＞ ＜CR＞ ＜LF＞

Call-ID：3ca929b41bcc9aab018bc51e55dc4e43@172.20.16.146 ＜CR＞ ＜LF＞

CSeq：103 BYE ＜CR＞ ＜LF＞

//当接收方收到 Invite 请求，返回 200 OK 消息

Response：SIP/2.0 200 Ok ＜CR＞ ＜LF＞

Via：SIP/2.0/UDP 172.20.16.146：5060；branch＝z9hG4bK417b6471；rport ＜

CR> <LF>
From：“ppp” <SIP：100@172.20.16.146>；tag＝as532e99b3 <CR> <LF>
To：<SIP：300@172.20.16.107>；tag＝999672062 <CR> <LF>
Contact：<SIP：300@172.20.16.107：5060> <CR> <LF>
Call-ID：3ca929b41bcc9aab018bc51e55dc4e43@172.20.16.146 <CR> <LF>
CSeq：103 BYE <CR> <LF>

思 考 与 练 习

1. G711 A 律语音编解码的净荷带宽为_____。

2. 软交换网络体系中，媒体网关的语音编解码可支持_____、_____、_____国际标准算法。

3. SIP 采用文本传输方式时，使用的端口为（　　　）。

　　A. 2944　　　　　　B. 8080　　　　　　　C. 5060　　　　　　　　D. 23

4. SIP 请求消息中，_____请求消息用于邀请用户加入一个呼叫；_____请求消息用于对 INVITE 请求的响应消息进行确认；_____请求消息用于请求能力信息；_____请求消息用于释放已建立的呼叫；_____请求消息用于释放尚未建立的呼叫；_____请求消息用于向 SIP 网络服务器登记用户位置信息。

　　　　A. INVITE OPTIONS ACK BYE CANCEL REGISTER

　　　　B. INVITE ACK OPTIONS BYE CANCEL REGISTER

　　　　C. INVITE ACK OPTIONS CANCEL BYE REGISTER

　　　　D. REGISTER INVITE ACK OPTIONS CANCEL BYE

5. 下面属于 IP 承载网 QoS 的关键因素是（　　　）。

　　A. 抖动　　　　　　B. 采样率　　　　　　C. 回音　　　　　　　D. 噪音

6. SIP 协议以文本的形式表示消息的语法、语义和编码，因而简单易读。　　（　　　）

7. 事务是由请求和响应构成的，一个会话包括多个事务。　　　　　　　　（　　　）

8. SIP 协议规定，当收到对方的响应消息时，必须发送 ACK 消息进行确认。（　　　）

第 6 章　软 交 换 设 备

【学习目标】
　　本章介绍了软交换设备以及相应的组网案例。在熟悉软交换设备基本功能的基础上，详细讲解了软交换设备的配置方式。通过组网案例进一步加深对软交换设备的了解和掌握。

【知识要点】
　　1. 软交换常见设备
　　2. 软交换组网案例
　　3. 软交换关键数据配置

6.1　软交换产品介绍

　　目前，业界已经达成共识，将 NGN 网络分为 4 层：业务层、控制层、核心传送层和边缘层。不同的设备制造商在开发自己的 NGN 网络产品的时候，都是围绕着这个网络模型进行的，层与层之间采用标准的协议互通，随着这些标准协议的成熟，不同厂家的产品很容易互通。运营商在选择产品的时候能有更多的选择余地，这也促进了 NGN 网络产品的开发竞争，有利于技术的发展。比如中国电信可以选择中兴的软交换核心控制设备，而选择北电的网关设备，由于采用了标准的通信协议，它们就可以共同工作。

6.1.1　ZTE 软交换控制设备的地位与位置

　　中兴通讯早在 1998 年就已经开始软交换产品的开发研究，围绕软交换的标准体系架构，中兴通讯开发了一整套软交换系列产品。

　　（1）边缘层主要指与现有网络相关的各种接入网关和新型接入终端设备，完成与现有各种类型的通信网络的互通并提供各类通信终端（如模拟话机、SIP Phone、PC Phone 可视终端、智能终端等）到 IP 核心层的接入。接入层的主要设备有 MSG 9000、MSG 7200、MSG 5200、IAD、SIP Phone、BGW、Vedio Phone 等。

　　（2）核心层主要指由 IP 路由器或宽带 ATM 交换机等骨干传输设备组成的包交换网络，是软交换网络的承载基础。核心层主要设备有 T16C、T62G、3952 等。

　　（3）控制层指 Softswitch 控制单元，完成呼叫的处理控制、接入协议适配、互连互通等综合控制处理功能，提供全网络应用支持平台。控制层主要设备为 SS1A/1B。

　　（4）业务层主要为网络提供各种应用和服务，提供面向客户的综合智能业务，提供业务的客户化定制。业务层主要设备有 SHLR、APP Server、NMS、SCP 和 AAA Server。

　　其中，层与层之间通过标准接口进行通信，在核心设备 Softswitch 软交换控制设备的控制下，相关网元设备分工协作，共同实现系统的各种业务功能。

在软交换体系中，软交换控制设备是其中的核心设备，它独立于底层承载协议，主要完成呼叫控制、媒体网关接入控制、资源分配、协议处理、路由、认证、计费等功能。软交换控制设备可以提供所有 PSTN 基本呼叫业务及其补充业务、点到点的多媒体业务，还可以通过与业务层设备 SCP、应用服务器的协作，向用户提供传统智能业务、IP 增值业务以及多样化的第三方增值业务和新型智能业务。

6.1.2　软交换设备 SS 产品介绍

1. 较交换设备 SS 产品功能

ZXSS10 SS1a 是一款中等容量的软交换控制设备，可以提供十万数量级的呼叫处理能力，如图 6-1 所示。

图 6-1　SS1a 机框图

ZXSS10 SS1b 是一款大容量的软交换控制设备，可以提供百万数量级的呼叫处理能力，如图 6-2 所示。

图 6-2　SS1b 机框图

对基本呼叫的建立、保持和释放提供控制功能，包括呼叫处理、连接控制、智能呼叫触发检测和资源控制等。支持接收来自业务交换功能的监视请求，并对其中与呼叫相关的事件进行处理。接收来自业务交换功能的呼叫控制相关信息，支持呼叫的建立和监视。

支持基本的两方呼叫控制功能和多方呼叫控制功能，对多方功能的支持包括多方呼叫的特殊逻辑关系、呼叫成员的加入/退出/隔离/旁听以及混音过程的控制等。识别媒体网关报告的用户摘机、拨号和挂机等事件；控制媒体网关向用户发送各种信号音，如拨号音、振铃音、回铃音等；提供满足运营商需求的拨号计划。

ZXSS10SS1a/1b 软交换控制设备与信令网关配合，完成整个呼叫的建立和释放功能，其协议采用 No.7/IP，主要承载协议采用 SCTP，并具有控制媒体网关发送 IVR，以完成诸如二次拨号等多种业务的功能。

ZXSS10SS1a/1b 软交换控制设备可以同时直接与 H.248 终端、MGCP 终端、SIP 客户终端、H.323 终端和 NCS 终端连接，提供相应业务。

当 ZXSS10SS1a/1b 软交换控制设备位于 PSTN/ISDN 本地网时，具有本地电话交换设备的呼叫处理功能。当软交换控制设备位于 PSTN/ISDN 长途网时，具有长途电话交换设备的呼叫处理功能。

（1）接入协议适配功能。ZXSS10SS1a/1b 软交换控制设备是一个开放的、多协议的实体，采用标准协议与各种媒体网关、终端和网络进行通信，这些协议包括 H.248、SCTP、ISUP/IP、TUP/IP、INAP/IP、H.323、NCS、RADIUS、SNMP、SIP、M3UA、MGCP、SIP-T、Q.931、V5UA、IUA、BICC 等。

（2）业务提供/接口功能。ZXSS10SS1a/1b 软交换控制设备可以提供 PSTN/ISDN 交换机提供的业务，包括基本业务和补充业务；可以与现有智能网 SCP 配合提供现有智能网提供的业务；可以与应用服务器合作，提供多种增值业务。

ZXSS10SS1a/1b 提供与智能网的标准 INAP 接口；提供与应用服务器的接口，便于第三方业务提供商的业务开发。

（3）互连互通功能。作为软交换系统对外的接口，ZXSS10SS1a/1b 软交换控制设备负责与其他对等实体互连互通。

ZXSS10SS1a/1b 软交换控制设备通过信令网关实现分组网与现有 No.7 信令网的互通。ZXSS10SS1a/1b 软交换控制设备通过 R2 信令、中国 1 号信令实现分组网与现有随路信令网的互通。

ZXSS10SS1a/1b 软交换控制设备通过信令网关与现有智能网互通，可以为用户提供多种智能业务。对于智能业务所需要的 IVR 等功能，由 ZXSS10SS1a/1b 软交换控制设备控制的 Media Server 和媒体网关实现。

通过 ZXSS10SS1a/1b 软交换控制设备中的互通模块，采用 H.323 协议与现有 H.323 体系的 IP 电话网互通。

提供 IP 网内 H.248 终端、MGCP 终端、H.323 终端、SIP 终端和 NCS 终端之间的互通。

采用 SIP 协议与未来 SIP 网络体系互通。

采用 SIP-T 协议实现软交换控制域之间互通互连。

采用 V5 协议与中继网关配合可以接入接入网。

（4）应用支持系统功能。ZXSS10SS1a/1b 提供计费、认证、操作维护等应用支持功能。

ZXSS10SS1a/1b 软交换控制设备本身不提供计费系统，它只负责生成呼叫详细记录（CDR）或计次表话单，每次通话结束即可以输出相应的计费数据，对于长时间通话还可以在通话中输出计费数据。

ZXSS10SS1a/1b 软交换控制设备可以通过标准协议与计费中心连接，传送计费数据，即 CDR。其中，对于普通业务，计费中心可以采用 FTP 协议定时采集软交换设备提供的计费数据，定时数据采集的最小周期为 5 分钟。对于记账卡或预付费业务，软交换控制设备采用 Radius 协议向计费中心实时传送计费数据，并具有实时断线的功能。

ZXSS10SS1a/1b 软交换控制设备可以与营帐系统之间通过标准的 XML 接口或 MML 接口传送用户开户、销户、业务属性修改等用户信息。

ZXSS10SS1a/1b 软交换控制设备支持对用户和网关设备进行接入认证功能，防止非法用户/设备的接入。

ZXSS10SS1a/1b 软交换控制设备提供完善的操作维护功能，支持本地维护管理。另外，ZXSS10SS1a/1b 软交换控制设备支持基于 SNMP 的网管机制，支持远程的集中网络管理，可以与系统的其他网元设备一起纳入网管中心进行统一管理。

（5）地址解析功能。ZXSS10SS1a/1b 软交换控制设备负责完成 E.164 地址至 IP 地址的转换，提供地址解析功能。

（6）语音处理功能。ZXSS10SS1a/1b 软交换控制设备可以控制媒体网关，确定是否采用语音压缩，并提供可以选择的语音压缩算法，如 G.711、G.723 和 G.729。

ZXSS10SS1a/1b 软交换控制设备可以灵活控制媒体网关，确定是否采用回声抵消技术。

ZXSS10SS1a/1b 软交换控制设备还可以灵活调节媒体网关语音包缓存区的大小，减少抖动对语音质量的影响。

（7）资源控制功能。ZXSS10SS1a/1b 软交换控制设备提供资源管理功能，对系统中的各种资源进行集中的管理，如音资源的分配、释放和控制等。

（8）游牧管理功能。ZXSS10SS1a/1b 软交换控制设备提供一个软交换设备控制下的终端游牧管理功能，根据终端 IP 地址的变化判断其是否游牧，对用户进行区别管理。

2. 软交换设备 SS 产品性能

中继 BHCA：

系统单框　　　不备份 4M　　　备份 2M

满系统　　　　不备份 32M　　　备份 16M

用户 BHCA：

系统单框　　　不备份 2M　　　备份 1M

满系统　　　　不备份 16M　　　备份 8M

系统最大中继数：88 万中继（呼叫时长 70 s，中继 erl 0.7）

系统最大用户数：400 万（呼叫时长 70 s，用户 erl 0.07）

计费主要性能指标如下：

（1）计费差错率为 $< 10^{-4}$。

（2）计费精度为 10 ms。

（3）准确率：计费准确率 $\geqslant$99.96%。

（4）话单处理能力 $\geqslant$1000 万张/月。

（5）计费数据存储能力 $\geqslant$1000 万张（当计费数据库 $\geqslant$15 G、文件存储空间 $\geqslant$6 G 时）。

（6）计费数据缓存能力 $\geqslant$100 万张。

6.1.3　软交换设备 MSG 9000 产品介绍

在 Softswitch 架构的下一代网络中，ZXMSG 9000 可以通过配置不同的单板实现中继网关 TG、信令网关 SG 及接入网关 AG 的功能以及三者综合网关的功能,如图 6-3 和图 6-4 所示。

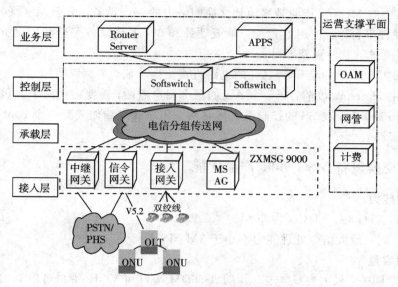

图 6-3 下一代网络架构

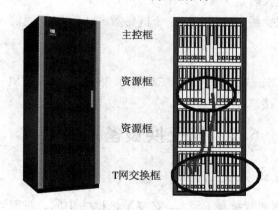

图 6-4 ZXMSG 9000 软交换设备

Trunk Gateway,中继网关。TG 在 Softswitch 的控制下完成媒体流转换等功能,主要用于中继接入。TG 在 IP 网络和电路交换网络(PSTN)之间提供媒体映射和代码转换功能,即终止电路交换网络设施(中继线路、环路等),将媒体流分组化并在分组网上传输分组化的媒体流。

Access Gateway,接入网关。AG 用于将用户终端直接接入 IP 分组网,如普通模拟用户、ISDN 等。在 IP 网络和用户终端之间提供媒体映射和代码转换功能,将媒体流分组化并在分组网上传输分组化的媒体流。

Signaling Gateway,信令网关。SG 完成电路交换网和包交换网(基于 IP)之间的信令的转换功能。SG 可以有效地实现电路交换网与分组网间信令的互通。

SG 在电路交换网侧接收和发送标准的 SS7 信令消息,在分组网侧采用 IETF 信令传送工作组(SIGTRAN)标准的适配层协议和传输层协议,适配能力强,功能齐全,可靠性高。

综合关口局：由于 MSG 9000 支持和多种不同的信令网连接，可以承担综合关口局的功能，和不同的运营商对接。

3G 网络中的 MGW：指的是移动软交换网络中的 MG 设备，由于 MSG 9000 是基于中兴公司 3G 硬件平台，所使用的背板，单板硬件和 3G 平台设备完全相同，所以要升级到 MGW，只需要进行软件更新即可。

Hair-pin 功能：指的是 TG，AG 的电路直接交换功能。举例说明：

没有使用 Hair-pin 以前，同一个 AG 的两个用户通话，需要占用两个 RTP 端口，现在有了 Hair-pin 后，AG 在 SS 的控制下直接将两个用户线终端加入到一个 context 中，不会占用 VOIP 资源。

6.1.4 软交换设备 MSG 9000 产品性能

1. 处理能力

作为 AG、TG 时：BHCA 为 20M。

作为 SG 时：最大信令处理能力不小于 2M MSU/s。

2. 接口容量

作为中继网关，最大容量 336 000 端口（TDM 端口和 VOIP 端口可以调配）。

作为接入网关，最大容量为 100 万端口。

作为独立信令网关，最大 64 kb/s 信令链路数 6144；可以同时与多个信令网组网，最大 255 种。

3. 接口类型

接口类型包括：FE、GE 接口、T1/E1 接口、STM - 1、STM - 4 接口、V5.2 接口、POTS 接口、BRI/PRI 接口。

6.2 软交换设备系统结构

6.2.1 软交换产品 SS 系统结构

ZXSS10 SS1a 机框的背板是 BSSA，安装于机框的中间，两面均可插入单板。可装配的单板有 SC 、SPC、NIC、TIC、SSN 和 SSNI。

插箱中各单板的板位示意图如图 6 - 5 和图 6 - 6 所示。除了以上所述的单板外，SPWAL、SPWAR、SPWAP、SPWAF 组成了 SS1a 机框的电源系统。SPWAL 和 SPWAR 为电源插箱，SPWAP 为馈电盒，SPWAF 为风扇盒。

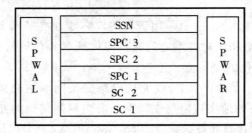

图 6 - 5 ZXSS10SS1a 板位图（4U 插箱，正面）

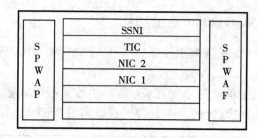

图 6-6 ZXSS10SS1a 板位图(4U 插箱,正面)

ZXSS10 SS1a/1b 软交换控制设备是以以太网结构为基础,以高速串行数据总线为核心,采用了多处理卡硬件结构的专用硬件平台。其系统内部通讯采用交换式以太网总线。

处理器模块作为系统核心,主要承担网络控制、业务生成等核心功能。处理器模块之间通过高速以太网连接在一起,构成一种"松耦合"方式的并行多处理器系统。每个处理器板由系统槽位上主控处理器板控制并分配不同的工作,多个处理器板之间通过以太网完成板间通讯和消息数据的转发。

网络接口模块提供经过 IP 网络与各类网关设备的外部接口以及与各种应用服务器、数据库、认证服务器、管理维护终端及智能网 SCP 之间的内部接口。基于安全等方面的考虑,两类接口在物理上相对独立。为了组网上的方便,外部接口可以提供路由功能,进行一些静态路由的配置,保证能够灵活、方便地进入 IP 核心网。

系统控制板 SC 是 ZXSS10SS1a/1b 软交换控制设备的控制核心。1 对互为主备的系统控制板(SC)从硬件结构到软件支持提供高可靠性(HA)的主备倒换和冗余功能,可靠性可达 99.999%。硬件提供一条以太网和一条同步串行口进行主备信息的交互,并提供一组有关热插拔控制(HSC)状态寄存器访问,保证在软件设计中对系统的可靠性进行进一步的控制和监控,同时也可以处理一部分软交换相关协议。

系统协议处理板 SPC 负责进行各类协议的处理转换,并将维护信息上报 SC 或从 SC 接收控制信息。系统协议处理板 SPC 作为软交换控制设备中协议处理的主要部分。

网络接口板 NIC 提供基于以太网的网络接口,并且提供路由功能。网络接口板 NIC 位于与 SPC 板对插的位置,但从逻辑上与 SPC 板无关。网络接口板 NIC 为软交换控制设备提供对外的网络出口。

在软交换控制设备的硬件平台中,以太网交换部分由两块单板组成:完成以太网交换功能的 SSN 板和完成 100 M 和 1 G 以太网口备份功能的 SSNI 板。其中 SSN 板主要由 CPU 单元、以太网交换单元、百兆以太网口主备开关控制单元、本板主备控制单元和后插板控制单元组成。SSN 有三种物理单板,分别是 SSNA、SSNB 和 SSNC,方案不同但功能相同。

传输接口板 TIC 提供主控板 SC 到后台的 10/100 M 以太网口和主备 NIC 的 100 M 以太网口,以及 3 路 RS232 和 2 路 RS485 串行接口,预留一路 1 G 以太网口的主备输出。TIC 位于与 SPC 板对插的位置。

系统控制接口板 SCI 是 SS1A 中 SC 板的延伸,由于空间的原因,SS1A 的硬盘便存放在此单板上。在 SS1b 中,已经将 SC 和 SCI 合二为一统一成为 SSC。

6.2.2 软交换产品 MSG 9000 系统结构

软交换产品 MSG 9000 系统由主控框(BCTC)、资源框(BUSN)、交换框(BCSN)组成，各层负责不同的功能。

主控框(BCTC)：用于承载信令处理板、各种主控单板等，完成控制面媒体流的汇接和处理，并在多框设备中构成系统的分布处理平台，如图 6-7 所示。

1	2	3	4	5	6	7	8	9	10	11	12	13	14	15	16	17
IPI	IPI	NCMP	NCMP	NCMP	NCMP	NCMP	NCMP	UIMC	UIMC	OMP	OMP	NCMP	NCMP	CHUB	CHUB	
NCMP	NCMP	NCMP	NCMP	NCMP	NCMP	NCMP	NCMP	UIMC	UIMC	NCMP	NCMP	NCMP	NCMP	NCMP	NCMP	

图 6-7　MSG 9000 板位图主控框

资源框(BUSN)：2 个主控单板槽位，15 个业务单板槽位尽可能地满足业务单板混插的需求；尽可能地考虑单框成局的需求，如图 6-8 所示。

1	2	3	4	5	6	7	8	9	10	11	12	13	14	15	16	17
NIPIG	NIPIG	DTB	DTB	DTB	DTB	SPB	SPB	UIMT	UIMT	VTCA	VTCA	VTCA	VTCA	VTCA		
DTB	DTB	DTB	DTB	DTB	DTB	MRB	MRB	UIMT	UIMT							

图 6-8　MSG 9000 板位图资源框

交换框(BCSN)：配置 64 k～256 k 容量的电路交换网络单元，如图 6-9 所示。使用的单板有 TSNB、TFI、CLKG 和 UIMC。

1	2	3	4	5	6	7	8	9	10	11	12	13	14	15	16	17
TFI	TFI	TFI	TFI	TSNB		TSNB		UIMC	UIMC	TFI	TFI	TFI	TFI	CLKG	CLKG	

图 6-9　MSG 9000 板位图交换框

中心控制子系统作为 MSG 9000 的控制中心，对系统功能单元、单板进行监控，在各个处理机之间建立消息链路，为软件提供运行平台，满足各种业务需求，同时可以进行信令业务处理功能。

中心控制单元以 BCTC 背板为承载，由系统控制管理板 OMP、呼叫控制处理板 CMP、主控单元通用接口模块 UIMC、IP 侧网络接口板 IPI、控制流集线器 CHUB 及部分后插的接口板组成。主控单元占用一个机框，在业务需求增大时可以按照需要进行从框的扩展。

1. 中心控制框背板 BCTC

中心控制框背板 BCTC 为系统中资源框各个单板和交换框单板的控制面以太网流提供互连。BCTC 背板可承载 CHUB、UIMC 和 MPB 等业务单板，并为这些单板提供 GE 和 FE 的互联。

2. 控制流集线器 CHUB

控制流集线器 CHUB 用于连接集中信令处理子系统和各资源框的控制面以太网数据流。各资源框出 2 个百兆以太网口和 CHUB 相连，CHUB 在控制资源框内部通过 GE 口与该资源框的 UIMC 相连接。CHUB 对外提供 46 个百兆以太网口。

3. IP 测网络信令接口板 SIPI

IP 测网络信令接口板 SIPI 实现 H248、SIGTRAN 信令协议的接入，对外则根据需要通过配置子卡等方式提供 4 个以太网接口。

4. 主控单元通用接口模块 UIMC

主控单元通用接口模块 UIMC 是借用了通用接口模块 UIM 的单板，取消了 UIM 中的电路交换和 TFI 光纤接口部分功能。功能相当于两个 24 口以太网交换机。

5. 系统控制管理板 OMP

系统控制管理板 OMP 是整个系统的核心，完成整个系统的操作维护和管理。负责前后台数据命令的传送，实现单板的主备状态控制，另外提供 4 个 100 M 以太网口，用于和 UIM 的控制、数据通道进行互通，以及提供连接后台的直接接口或对外部网络的直接接口。

6. 呼叫控制处理板 CMP

呼叫控制处理板 CMP 和 OMP 在物理上基本相同。CMP 主要用于提供对控制协议以及信令业务流的处理。

MSG 9000 处理信号的流程如下：

（1）语音流流程：PSTN→DTB/SDTB→UIMT→TFI→TSNB→TFI→UIMT→VTCA→UIMT→NIPI→IP 网络→Other MG。

（2）七号信令流：PSTN→DTB→/SDTB→UIMT→TFI→TSNB→TFI→UIMT→SPB→UIMT→CHUB→UIMC→CMP→UIMC→SIPI→IP 网络→软交换设备。

（3）H248 流程：软交换设备→IP 网络→SIPI→UIMC→CMP。

（4）控制流程：OMP→UIMC→CHUB→UIMT→DTB/SPB/MRB/。

（5）时钟流程：DTB→CLKG→各框的 UIM 板→其他单板。

6.3　设备商 NGN 解决方案

6.3.1　PSTN 端局优化改造方案

PSTN 端局优化改造方案如图 6-10 所示。

端局 1 是待改造的端局，采用综合媒体网关设备 ZXMSG 9000 进行替代，ZXMSG 9000 设备上行通过 FE/GE 接入到软交换网络，下行可提供 POTS、V5、E1 或 MSTP 等多种接入方式，实现语音、ISDN、DSL 等业务的综合接入，可充分利用原有端局已有的接入资源实现用户接入。

对于改造后端局的长途汇接业务，通过 NGN 网络中的中继媒体网关（ZXMSG 9000）和信令网关实现与 PSTN 网长途或汇接局的互通。

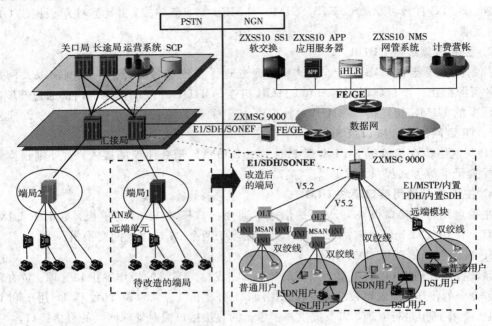

图 6 - 10　PSTN 端局优化改造方案

采用 ZXMSG 9000 综合媒体网关设备作为端局应用时，具备以下特点：

（1）ZXMSG 9000 同时支持 IP 和 TDM 两种方式出局，支持从 4～80 万线用户接入容量，支持多模块组网，支持交换机所有的模块和单元，支持交换机内部所有的组网方式。

（2）下行用户侧支持 POTS、ADSL、ISDN 等用户接口；支持带远端用户单元和远端模块；支持 E1、MSTP 等交换机支持的组网方式；可提供 SNB（内置 SDH）和 ODT（内置 PDH）；支持 2～4 级内部组网方式，方便对端局 PSTN 交换机的多模块、多单元局本地网的改造。

（3）ZXMSG 9000 设备支持通过 V5 接入网设备提供用户接入，支持下挂综合业务的远端用户单元，并可同时提供 ADSL 等宽带用户接口。

（4）提供内置信令网关功能，可支持 7 号、V5 等多种窄带信令，支持 SIGTRAN 协议。

（5）当网关与中心 SS 通信中断时，网关可以实现自交换功能。

（6）采用新一代通用平台设计，可平滑升级为移动 MGW，实现与移动 NGN 的网络融合。

6.3.2　传统 PSTN 网的网改网优——IP 长途网汇接局优化改造方案

要解决端局数量多、机型杂、业务提供差异大、智能业务开展困难等问题，可通过在端局层面上完全替换为 NGN 网关接入方案实现，但是端局数量庞大，需要分阶段逐步实施，在网络演进初期可能只有部分端局实现 NGN 优化改造。如何解决未改造的老机型端局用户"无缝"转网至 NGN 享用 NGN 的业务呢？

　　中兴通讯建议在网改网优中可采用汇接局优化改造方案。PSTN 端局优化改造方案如图 6 - 11 所示。

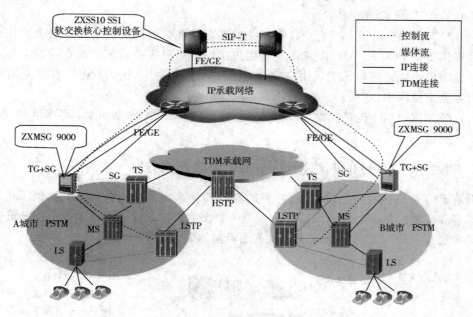

图 6 - 11　PSTN 端局优化改造方案

1. 现有汇接局

　　采用中兴通讯的软交换中继媒体网关设备分步替换现有汇接局。通过在现有汇接局位置放置媒体网关来优化改造现有汇接局，将现网的老机型端局设备接入中继网关，由中继网关提供汇接局功能。

2. 新建汇接局

　　对于 PSTN 网的新建汇接局，可直接采用 NGN 中继媒体网关进行建设。改造后的汇接局与端局之间通过 ISUP 中继方式接入到软交换系统中，接入网络通过 V5 中继接入到汇接局。如果原有汇接局直接下挂部分用户，这部分用户就可以采用中兴通讯的软交换中继媒体网关设备下挂接入单元的方式接入。原有端局用户、接入网用户的新业务触发汇聚到汇接局 TG 上，统一由软交换提供。

　　对于后续新建的用户，根据本地网资源，可以新建媒体网关实现用户接入。

　　对于中、大容量汇接局的替换或新建，可选用 ZXMSG 9000 综合媒体网关设备进行组网。目前国内传统大型固网运营商固网已建汇接局容量一般在 3～10 万中继，新建大容量汇接局规模一般最大在 10～15 万中继，ZXMSG 9000 设备最大可提供 33.6 万端口，完全可以满足大容量汇接局的需求。

　　采用 ZXMSG 9000 设备进行汇接局的替换或新建，从而实现对 PSTN 网的 NGN 演进有许多优势：

　　(1) PSTN 与 NGN 完全融合，老机型端局用户可"享受"NGN 业务，PSTN 用户可与 NGN 混合放号，充分保护现有投资。

　　(2) 老机型端局用户的数据管理和业务提供统一由软交换支持。在避免对端局改造的同时，用户可以使用软交换业务平台提供的各类智能业务和增值业务，降低改造成本和工作量。

（3）ZXMSG 9000 设备支持 TDM 交换，下带的端局与端局之间呼叫可不通过 IP 承载网，减少了对 IP 承载网的要求。

（4）ZXMSG 9000 设备具有 TG 和 AG 的混合功能，可提供端汇接局混合使用。下行可直接提供支持 POTS、ADSL、ISDN 等用户接口为用户提供数据和语音的综合接入，也可下挂远端模块或远端单元实现用户接入，还可通过提供 V5 接入，将原有接入网用户直接接入到软交换网中。

（5）ZXMSG 9000 设备提供 TDM 的上行通道，在 NGN 网络初期，可提供 TDM 长途汇接备份通道。

6.3.3 传统 PSTN 网的网改网优——IP 长途分流方案

随着 PSTN 固网省内/省际长途业务的增加和长途交换局设备的老化，PSTN 长途局面临扩容和改建。利用运营商丰富的宽带骨干数据网资源，可采用软交换设备分流长途业务方案对现有 PSTN 长途网实施优化改造逐步向 NGN 演进，如图 6 - 12 所示。

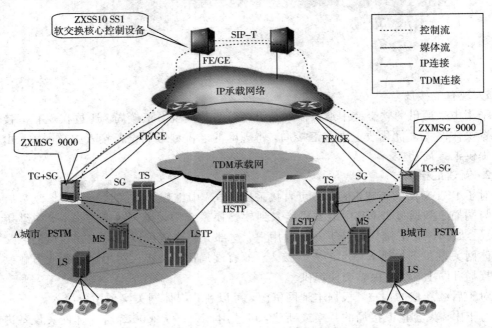

图 6 - 12　IP 长途分流方案

利用软交换技术，可为传统固网运营商提供基于 IP 数据网的 PSTN 汇接局长途话务解决方案。PSTN 长途 TDM 媒体流经过中继网关 TG 全部转化为 IP 媒体流，通过 IP 宽带数据网络发送到软交换核心设备指定的对端中继网关，对端的中继网关再把 IP 长途媒体流转化为电路侧的中继媒体流。

全国网络可以省或大区为单位组建多个软交换域，软交换域之间长途通过两个软交换系统的互通实现；省或大区内长途业务由各域内的软交换单独实现控制。

放置于 A 城市所属省（大区）的软交换核心控制设备 ZXSS10 SS1b 主要完成本省（大区）域内用户的呼叫控制、信令处理、语音路由、协议适配、业务代理、CDR 文件生成等功能。通过中继网关完成 PSTN 与包交换网媒体的互通，通过信令网关完成 PSTN 与包交换网 No.7 信令的互通。软交换设备与中继网关的控制协议采用 H.248，软交换与信令之间采用 Sigtran 信令。

与传统 TDM 技术建设长途相比，采用软交换技术建设的长途网络具有很多特点：

（1）相比于 PSTN 网络建设投入过程中本地网、汇接局、长途局、信令网、同步网等多类项目的投入，Softswitch 系统只需要一次性投入。

（2）软交换系统各网元设备的占地量比 PSTN 设备少很多，大大节省了设备投入与机房占地，工程实施也更加经济方便。在后续网络建设过程中相关机房建设、维护管理等追加投入资金将会减少。

（3）通过软交换技术可以方便地建设第二张长途网，与原有的长途网通过分流或备份的方式，实现长途网的可靠运营。

对于传统大型固网运营商，长途局最大容量在 5～10 万中继，中继网关建议选用 ZXMSG 9000，ZXMSG 9000 设备最大可提供 33.6 万端口，完全可以满足大容量需求。

6.4　软交换数据配置

6.4.1　数据配置拓扑图

考虑到 SS 作为软交换系统中的核心控制设备，是最为关键的设备，所以在设计 SS 的 IP 承载网时，需要考虑到很多因素：

（1）安全性考虑：可以抗击病毒等攻击，缩小广播域和减少广播风暴；

（2）可靠性考虑：采用多链路双归属直达链路，提供链路备份和 VRRP 保护；

（3）可扩展性考虑：易于支持 MPLS VPN 和 FRR、TE，以及将来可能承载的其他业务。

图 6-13 是一般实习环境中采用的组网设计，基本架构与真实网络的设备组网图相近。其中，SS1B 使用版本 2.01.50.0.R07.P12，MSG 9000 使用版本 1.0.02.R01T2N3，EMS 服务器和客户端使用版本 4.2.0.T038b0709121(34.31)。

实际网络中，SS 的 NIC 对于外部业务承载网（信令流、媒体流承载网）的连接均提供一主一备两个 FE 接口，最好将其分别连接至两个不同的 3 层交换机。在该交换机上运行 VLAN 和 VRRP 协议。VLAN 主要是考虑到该三层交换机将连接不同的设备，如 SG、SHLR、APPS 等，通过 VLAN 来隔离广播域，增加 VLAN 的安全性。VRRP 是两台路由器之间的冗余保护协议，通过设置 VRRP，使得两台 3 层交换机的不同端口对外共用一个 IP 地址，该 IP 地址作为 NIC 的下一跳地址。使得 NIC 对外网的连接得到保护。

3 层交换机对外连接时，还部署了防火墙设备，通过防火墙的基于 IP＋端口的访问列表将网络中的不可靠信息屏蔽。

防火墙对外连接到两个核心汇聚路由器，该路由器将汇聚 SS、TG、AG 之间的信令流及 TG、AG 间的媒体流。通过核心汇聚路由器与 SS 下行的防火墙，3 层交换机设备运行 OSPF 协议，对整张网进行有效的保护。

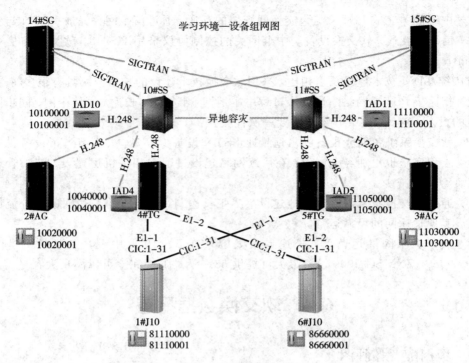

图 6-13　设备组网图

6.4.2　环境资源规划

图 6-13 所示设备组方案图环境规划见表 6-1。

表 6-1　环境资源规划

设备编号	网管流 IP 规划	信令流 IP 规划	媒体流 IP 规划	信令点编码	号段	备注
10♯SS	129.0.10.1/16 GW:129.0.0.1	20.66.10.1/24 GW:20.66.10.254	无	10-10-10	10XXXXXX	11♯SS 互为异地容灾关系
11♯SS	129.0.11.1/16 GW:129.0.0.1	20.66.11.1/24 GW:20.66.11.254	无	11-11-11	11XXXXXX	10♯SS 互为异地容灾关系
2♯AG	129.0.2.1/16 GW:129.0.0.1	20.66.2.1/24 GW:20.66.2.254	20.88.2.1/24 GW:20.88.2.254	2-2-2	1002XXXX	TG CIC: 33-63
3♯AG	129.0.3.1/16 GW:129.0.0.1	20.66.3.1/24 GW:20.66.3.254	20.88.3.1/24 GW:20.88.3.254	3-3-3	1103XXXX	TG CIC: 33-63
4♯TG	129.0.4.1/16 GW:129.0.0.1	20.66.4.1/24 GW:20.66.4.254	20.88.4.1/24 GW:20.88.4.254	4-4-4	1004XXXX （配套 IAD 使用）	TG CIC: 1-31
5♯TG	129.0.5.1/16 GW:129.0.0.1	20.66.5.1/24 GW:20.66.5.254	20.88.5.1/24 GW:20.88.5.254	5-5-5	1105XXXX （配套 IAD 使用）	TG CIC: 1-31

设备编号	网管流 IP 规划	信令流 IP 规划	媒体流 IP 规划	信令点编码	号段	备注
14♯SG	129.0.14.1/16 GW:129.0.0.1	20.66.14.1/24 GW:20.66.14.254	无	14—14 —14	无	
15♯SG	129.0.15.1/16 GW:129.0.0.1	20.66.15.1/24 GW:20.66.15.254	无	15—15 —15	无	
1♯J10	与 2♯、3♯、4♯、5♯、14♯、15♯、21♯、26♯的 E1—1 开电路，TS16 开链路，SLC 为 0，CIC 参考 TG 备注			1—1—1	8111XXXX	
6♯J10	与 2♯、3♯、4♯、5♯、14♯、15♯、21♯、26♯的 E1—2 开电路，TS16 开链路，SLC 为 0，CIC 参考 TG 备注			6—6—6	8666XXXX	

6.4.3 基本数据配置

EMS 网管服务器正确启动后，直接双击桌面的"NetNumen N31 客户端"图标（或进入网管安装目录的子目录\ums-clnt\bin，执行 run. bat）进入客户端登录界面，如登录不成功，将报出相应的错误信息。登录成功后，显示主视图，缺省情况下显示拓扑视图。

数据的备份与恢复通过选中需要进行数据备份的设备，右键单击则弹出如图 6－14 所示的菜单，选中"配置管理"项弹出配置管理界面并进行备份；亦可选择"系统维护→备份管理→数据备份与恢复"菜单进入数据备份与恢复界面，此项备份功能会将文件备份至 129 服务器，如果需要将文件备份在 EMS 服务器，可以选择"系统维护→备份管理→数据备份到 EMS"。

下面简述 MSG 9000（网关）及 ZXSS10SS1b 的基本数据配置过程。

1. MSG 9000 的基本数据配置

网关的物理配置规划包含网元的属性规划与配置、物理机框的加载、模块的属性规划与配置、单元与子单元的规划与配置等四个方面。

1）网元的属性规划与配置

右键点击 EMS 中 MSG 9000 图标，选择【配置管理】，如图 6－14 所示。

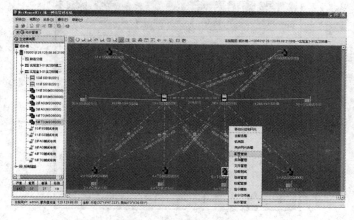

图 6－14 配置管理

2）设置全局属性配置

在第一步弹出的界面中选择"数据管理→系统配置→全局属性配置"，在弹出的界面中选择"增加"，弹出如图 6-15 所示界面，进行各网元的局号、IP 地址、MAC 地址等参数的配置。

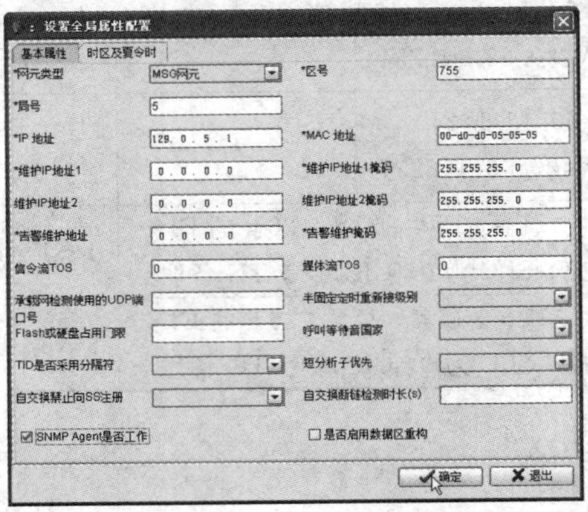

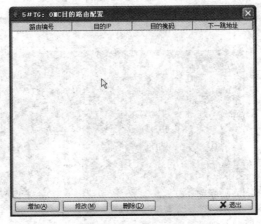

图 6-15　全局属性配置

图 6-15 所示的"设置全局属性配置"需要注意的参数如下：

【IP 地址】："129.0.5.1"；OMP 的地址，用来和 129 服务器进行通信，请根据实际规划的实习数据填写。

【MAC 地址】：OMP 的 MAC 地址。不能与其他设备的 MAC 地址重复。

【维护 IP 地址 1】：用来和 EMS Server 进行通信，在实验室环境下，EMS Server、EMS Client 和 OMO 的 IP 在同一个网段，所以此处不需要填写。在现网中，请根据实际情况填写维护 IP 地址和掩码。

如果现网中 EMS 服务器与 MSG 9000 的维护 IP 地址不在同一个网段，就需要进一步配置 OMC 目的路由（实验室不需要配置此步骤）。

2. OMC 目的路由配置

选择"数据管理→系统配置→OMC 目的路由配置"命令，弹出 OMC 目的路由配置窗口，如图 6-16 所示。

图 6-16　OMC 目的路由配置

点击【增加】按钮，弹出新增 OMC 目的路由配置窗口，如图 6-17 所示。

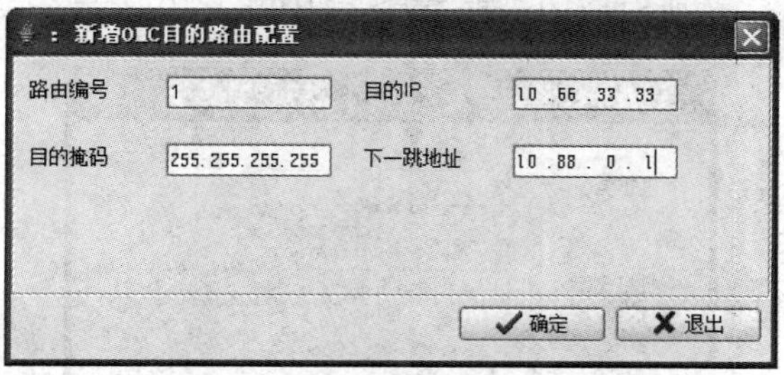

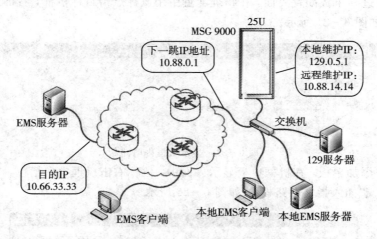

图 6-17　新增 OMC 目的路由配置

图 6-17 中的目的 IP 地址，可以是一个网段的地址，也可以是一个特定的 IP 地址。这里的目的 IP 指的是远程 EMS 服务器的地址，下一跳地址指的是 MSG 9000 的下一跳网关地址，两地址关系如图 6-18 所示。

图 6-18　OMC 目的路由配置图示

3. 物理资源配置

选择"数据管理→物理资源配置"命令，在弹出的界面中选择 ZXMSG 9000 后点击左下角的【新增机架】，弹出如图 6-19 所示界面。

步骤 1：新增机架 1，机架类型选择 1-标准机架。

图 6-19　新增机架 1

步骤 2：选择"机架 1"后，左下角点击"新增机框"。在此处，按照机框背部的实际跳线将所有机框全部加上，注意所对应的机框类型，如图 6 - 20 所示。

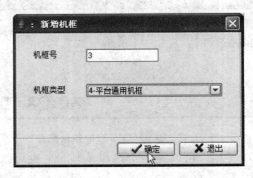

图 6 - 20　新增机框

步骤 3：进入单板配置界面，在物理配置中用鼠标点击目标机框，右键选择"显示机框内电路板"，如图 6 - 21 所示。

图 6 - 21　显示机框内电路板

步骤 4：添加单板，在机框单板显示界面中，鼠标右击机框空白槽位，右键选择"插入默认电路板"或"插入指定电路板"，如图 6 - 22 所示。

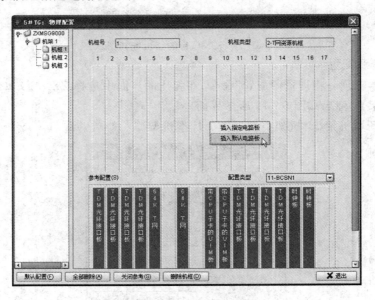

图 6 - 22　插入指定电路板

在实际配置中，有几项必须注意：

（1）每个框添加单板时，必须先添加相应的 UIMC 或 UIMT 单板。

（2）T 网交换框和主控框的所有单板可以根据实际配置选择插入默认电路板配置项。资源框的所有单板必须根据实际配置选择插入指定电路板。

（3）添加的单板和实际使用单板时的名字对比如表 6-1 所示。

表 6-1　单板对照表

实际使用单板的名字	添加单板的名称
UIMC/UIMT	带 CPU 子卡的 UIM
OMP/CMP	MPX86
IPI	1200 板
中继板	DTB
光中继板	SDTB

资源框的实际单板与参考配置中对应的单板槽位相同时采用默认添加即可。对于与参考配置中不同的单板可使用"插入指定单板"添加。

4. 模块配置

选择"数据管理→逻辑资源配置→模块配置"命令，弹出如图 6-23 所示的逻辑资源配置窗口。

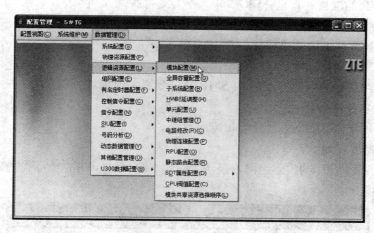

图 6-23　逻辑资源配置

在这里我们需要先理解几个定义。

1）模块的定义

从逻辑上来看，模块是 MSG 9000 上的一个功能模块的定义，需要实现特定的功能。MSG 9000 共有 5 种功能模块的定义：

OMP 功能：（Operation Main Processor）系统控制管理；

SMP 功能：（Signal Main Processor）信令处理；

CMP 功能：（Control Main Processor）呼叫控制处理；

PMP 功能：（Pre-main Processor）预处理模块（预处理 248 协议）；

RPU 功能：（Route Processor Unit）路由处理单元。

而从物理上看，这些功能模块的实现实际上就是通过 OMP 或 CMP 这些物理单板上的某一套 CPU 系统来实现的。相当于一个 MPX86 上的一个 CPU 就是一个模块，这些模块可以包含一个或多个功能模块。

2）模块的分布

OMP 功能模块包含了系统控制管理功能，它只能由 OMP 的第一个 CPU 来实现这个功能，且必须作为模块 1，RPU 功能模块只能由 OMP 的第二个 CPU 来实现，且必须作为模块 2。CMP 单板上的每一个 CPU 都作为一个模块，可以实现 CMP 功能、PMP 功能、SMP 功能中的一个或多个，根据实际使用情况，需要做合理规划。

一般来说，在实际工程中我们能做如下的规划：

（1）OMP 单板上的第一个 CPU 作为 1 号模块，配置 OMP&SMP 功能。

（2）OMP 单板上的第二个 CPU 作为 2 号模块，仅配置 RPU 功能。

（3）TG 的模块从最左边（槽位数小、3 号槽位）的 MPX86 配起；视容量大小配置若干个 TG 模块，选择 CMP&SMP&PMP 功能。一个 CPU 理论上能够处理 3 万个中继的呼叫。工程中，容量值配置为 15360，该值指的是中继端口的数目，相当于一个模块管理四框（半满配置）。

（4）SG 的模块从最右边（槽位数大）的 MPX86 配起，视容量大小配置若干个 SG 模块，选择 SMP 功能。（每 CPU 处理 64 个 64 K 的 SS7 链路或 8 条 2 M 链路）。

（5）对 PMP 的配置，目前 MSG 9000 最大支持配置 4 个 PMP，在 511 工程中如果 MPX86 小于等于 2 块，则所有模块（最多 4 个）全配置为 PMP+SMP；如果 MPX86 大于 2 块，则只在 3、5 槽位上的 4 个模块配置 PMP+SMP。

（6）PMP 只配置在处理 TG 的模块上。

（7）对于容量很小的部分，PMP、SMP 及信令网关的模块可以合一在一个 CPU 上。

3）模块的容量规划

每一个模块均需要系统为其分配相应的容量。

模块的配置过程如下：

在模块配置页面里点击"创建网关模块"命令，弹出如图 6 - 24 所示的窗口，在弹出的窗口中设置各项。

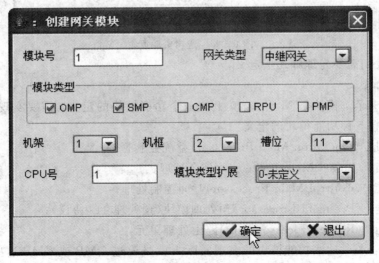

图 6 - 24　创建模快 1

（1）模块号：创建的模块号，从 1 开始，每个 MPX86 的单板创建一个模块。

（2）网关类型：中继网关。

（3）模块类型：按照工程规划选择相应功能。

（4）机架、机框、槽位：按照实际位置选择相应槽位。

（5）CPU 号：1 或者 2（每个 MPX86 中有两个 CPU 号）。

（6）模块类型扩展：0-未定义。

接着创建模块 2、3、4，如图 6-25 所示。

图 6-25 创建模块 2、3、4

最后，在模块配置界面中，选择相应模块对其全局容量进行修改。点击"修改模块配置"命令，弹出如图 6-26 所示的窗口。

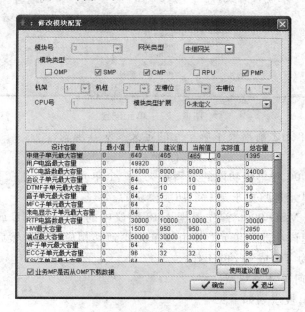

图 6-26 修改模块配置

对全局容量设置的计算方法如下：

（1）模拟用户最大数：目前暂不支持，可以配置为 0；

（2）邻接局最大数：各模块配置为一致即可；

（3）中继子单元最大数：每个 DT 有 32 个子单元，SDT 有 63 个子单元；

（4）用户子单元最大数：目前不支持，可以配置为 0；

（5）VTC 子单元最大数：目前每块 VTCA 共 6 个子单元；

（6）会议子单元最大数：每块 MRB 四个子单元，根据配置的类型确定；

（7）DTMF 子单元最大数：每块 MRB 四个子单元，根据配置的类型确定；

（8）音子单元最大数：每块 MRB 四个子单元，根据配置的类型确定；

（9）MFC 子单元最大数：每块 MRB 四个子单元，根据配置的类型确定；

（10）来电显示子单元最大数：每块 MRB 四个子单元，根据配置的类型确定；

（11）RTP 子单元最大数：每对主备的 IPI 有一个子单元；

（12）HW 最大容量：在单元配置属性中观察该单元 hw 组有效值，N * 16 即该单元占有的 hw 数量，如：DTB：32 条 2MHW；VTCA：16 条 2MHW；SDT：64 条 2MHW；MRB：16 条 2MHW；SPB：16 条 2MHW；

（13）端点最大容量：即中继子单元数量 * 31＋RTP 子单元数量 * 4000。

5. 单元配置

选择"数据管理→逻辑资源配置→单元配置"命令，如图 6-27 所示。

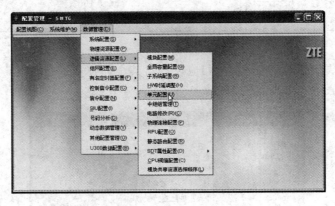

图 6-27　单元配置

同样，在配置单元之前需要了解单元的定义及对其规划。

1）单元

单元是 MSG 9000 对单板功能的逻辑定义。一个单元实际上对应于一个 MSG 9000 的一个物理单板，而单元是归宿于某一个功能模块的。

在实际工作中，MSG 9000 首先根据 H48 协议中的 TIDNAME 或者 SIGTRAN 中的 SCTP 连接判定处理该功能的单元，并由该单元找到其相应模块，然后由相应模块来处理完成 MSG 9000 作为 TG 或 SG 的工作。

2）单元与模块间关系的规划

每个模块所属单板规划如下：

（1）1 号模块为 OMP＋SMP。一般无需其处理实际业务，将所有电路交换框和主控框的单板都归属于 1 号模块，再加上所有资源框的 UIMT 单板。包含如下种类单板：UIMC、UIMT、CHUB、TFI、TSNB、SIGIPI。

（2）2 号模块为 RPU 模块，无单板。

（3）3 号模块为 CMP＆SMP＆PMP，主要作为 TG 功能使用。将资源框中除了 SPB 的单板全部加到该模块。单板包含 DTB、NIPI、SDTB、VTCA、MRB 等。

（4）4 号模块为 SMP，主要作为 SG 功能使用，包含 SPB 单板。

实际的单元配置如图 6-28、图 6-29 和图 6-30 所示。

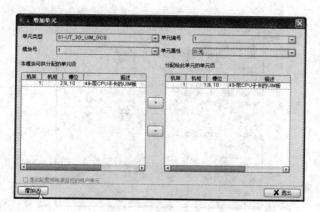

图 6-28　单元 1 分配给 1 框的 UIMC

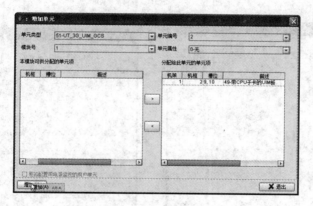

图 6-29　单元 2 分配给 2 框的 UIMC

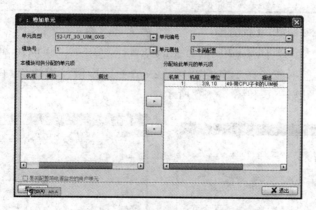

图 6-30　单元 3 分配给资源框的 UIMT

注意，此时的单元属性应该选择半满配置。

6. RPU 模块配置

　　RPU 模块配置同时也被集成在图形界面"数据管理→逻辑资源配置→RPU 配置"中进行配置，对接口的配置如图 6-31 所示，图中的默认下一跳 IP 是指 IPI 单板接入到 IP 网络中相应的网关地址。请根据前面的实验环境资源规划正确填写。

　　以配置 5♯TG 为例依次配置各接口地址如图 6-32 和图 6-33 所示。

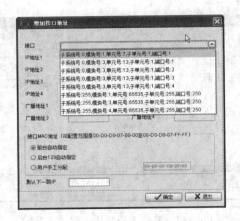

图 6 - 31　RPU 接口界面

图 6 - 32　SIPI 接口配置　　　　　　　　　　　图 6 - 33　NIPI 接口配置

　　模块 1、模块 3、模块 4 的虚拟 IP 地址的设置主要用于模块间内部通信。可以是任意一个 IP 地址，但注意不能选择 127、128 和 129 开头的网段。模块 1、模块 3、模块 4 各接口配置如图 6 - 34、图 6 - 35 和图 6 - 36 所示。

图 6 - 34　模块 1 接口配置　　　　　　　　　　图 6 - 35　模块 3 接口配置

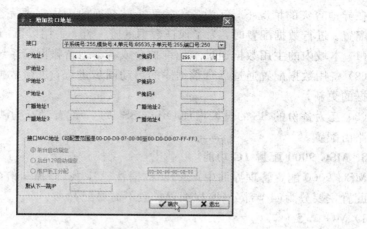

图 6 - 36　模块 4 接口配置

7. 静态路由配置

当 SS 的 IP 地址与 MSG 9000 的 SIPI 地址不在同一网段时，需要配置静态路由。现网一般需要 2 条静态路由，分别到两台异地容灾 SS，配置见图 6 - 37 和 6 - 38 所示。

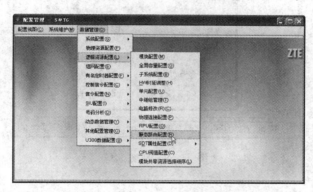

图 6 - 37　静态路由

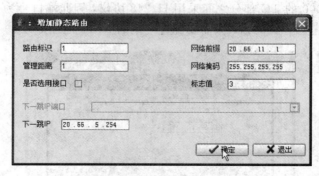

图 6 - 38　静态路由配置

在图 6 - 38 中：

网络前缀：目的 IP 地址，在此指 SS 的 IP 地址；

网络掩码：255.255.255.255；

下一条 IP：SIPI 的下一跳网关 IP 地址。

在异地容灾的情况下，互为备份的两个软交换的配置需要完全相同，包括它们的前台单板配置。进行数据配置时，为了保证数据的唯一性，采用以下的数据配置方法：

（1）本域内的主用数据通过本地维护台或者本地营帐网管系统实现数据配置；

（2）备用数据配置通过后台数据库的启动同步进程，进行数据同步过程以实现对端用户数据的更新；

（3）互为备份的 SS 的设置增加 Other SS 节点，配置为互为映射关系；建立两个 SS 之间的路由配置。

8. MSG 9000 配置 TG 功能

MSG 9000 配置管理界面中，点开"数据管理"，找到"控制信令配置"部分，TG 功能的数据配置主要分为四个部分（鉴权配置一般不需要配置）。

1）MG 配置

首先选择"MG 配置"，并增加一个网关，如图 6-39 所示。

图 6-39　新增 MG

2）MGC 配置

增加一个 MGC。这里的 MGC 是指控制 MSG 9000 的 SS，其 IP 地址为 SS 的 IP 地址。由于 SS 和 MSG 9000 的 TG 部分之间采用 H.248 协议，因此端口号为 2944。配置数据如图 6-40 所示。不考虑容灾的话，只需要配置主用的 MGC 地址即可。

图 6-40　MGC 配置

3）修改 MG 属性

返回到图 6-39 所示的界面中，点击"修改"，对 MG 的网关属性进行修改。在"网关所包含的模块"中选择相关的 TG 业务模块，注意具有 PMP 功能的模块需要包含到最前面；"控制本 MG 的 MGC1"选项中，选择对应的 MGC，如图 6-41 所示。

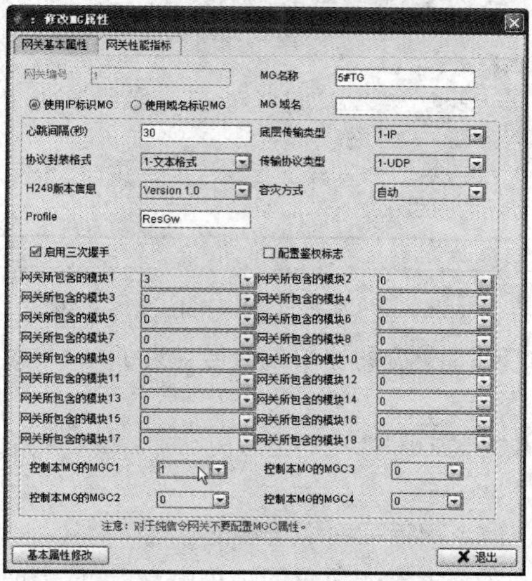

图 6-41　修改 MG 属性

4）MGIP 配置

这里配置的是 MSG 9000 上主控框 IPI（SIPI）的 IP 地址，SIPI 的单元号是在前边的单元配置中规划的。如果 MG 包含多个模块，每个模块都需要配置一次 MGIP，如图 6-42 所示。

图 6-42　MGIP 配置

5）分配协议端点号

DTB 单上每个 PCM 子系统（每个 E1）上的每个时隙分配一个协议端点号（即 H.248 协议中的终端标识 TID）。选择相应的模块号、单元号和子单元号，然后进行批量分配。子单元号系统统一从 9 开始定义（1～8 系统保留），一般对应该单元（单板）对外的接口或者内部的 DSP。如 DTB 板后面的 32 个 E1 接口对应的子单元号就是 9～40。

增加中继类型（TRUNK）的协议端点号，1 槽 DTB 板前 2 个 E1，为了与 SS 对接方便，基本名称处填入"T"，如图 6-43 所示。

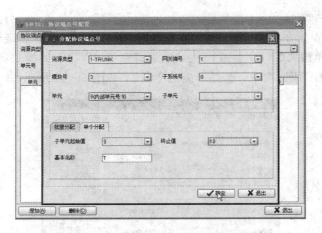

图 6-43　增加 TRUNK 协议端点号

用同样的方法，添加 RTP 类型的协议端点号，为了与 SS 对接方便，基本名称处填入"RTP"。

9. MSG 9000 配置 SG 功能

1) 网络属性配置

打开菜单"数据管理→信令配置→网络属性配置"。

（1）信令网络配置。在如图 6-44 所示的菜单中点击"信令网络"，进入信令网络配置，如图 6-45 所示。

图 6-44　网络属性配置菜单

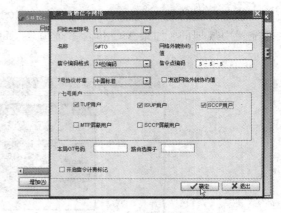

图 6-45　信令网络配置

点击"增加"，进入新增信令网络界面。

网络类型序号：1，要求与 SS 侧一致。

名称：自定义，具有一定的含义，容易识别。

网络外貌协约值：采用默认值配置为 1，选择不发送。

信令编码格式：根据实际情况选择，本局选 24 位编码。

信令点编码：根据实际填写。

七号用户勾选 TUP 用户、ISUP 用户和 SCCP 用户。

（2）本信令点配置。

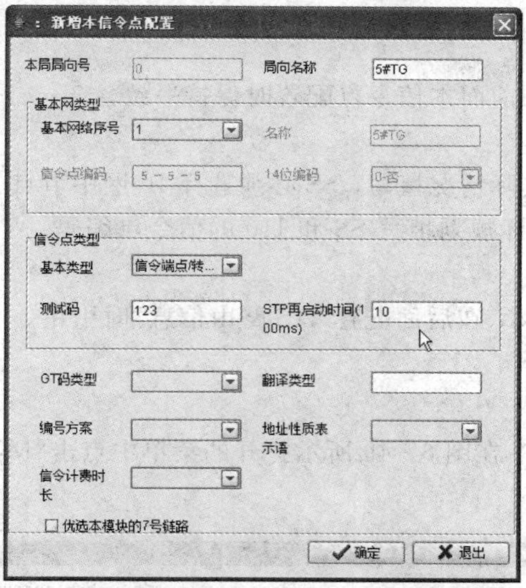

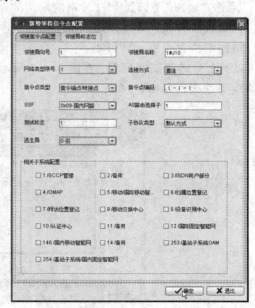

图 6-46 本信令点配置界面

在图 6-46 所示菜单中点击"本信令点配置",进入本信令点配置界面,点击【新增】,进入本信令点配置。

基本网络序号:与前面一致,选1。

信令点类型:选信令端点/转接点。

测试码:无所谓,填 123 即可。

STP 再启动时间:填 10。

(3) 邻接信令点配置。

邻接信令点配置如图 6-47、图 6-48 所示。

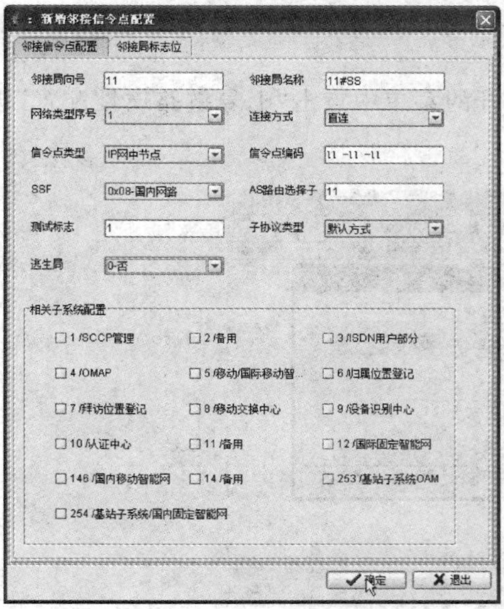

图 6-47 到 SS 侧信令点配置

图 6-48 到 PSTN 侧信令点配置

邻接局向号：自定义。

邻接局向名称：自定义。

网络类型序号：1，与前面本信令点配置时保持一致。

连接方式：直连。

信令点类型：根据实际情况填写，SS 必须选择 IP 网中节点。

信令点编码：根据实际规划填写 SS 和 J10 的信令点编码。

SSF：选 0X08。

AS 路由选择：自定义，在后面配置"AS 路由信息"时引用。

测试标志：均为 1。

2）MTP 属性配置

（1）链路组属性配置。在图 6 - 49 所示打开的菜单中点击"MTP 属性"配置进入链路组属性配置界面。

图 6 - 49　MTP 属性配置

点击"增加"增加到 PSTN 对应局向的链路组；

差错校验方式：基本方式；

链路组协议类别：MTP2。

（2）七号链路属性配置。在图 6 - 50 所示打开的菜单中点击"七号链路属性配置"进入链路组属性配置界面。

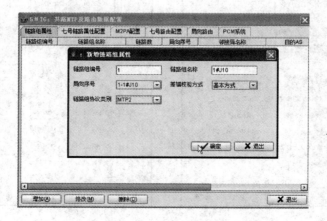

图 6 - 50　增加链路组

点击"增加"增加到 PSTN 对应局向的链路，如图 6-51 所示。

归属 SMP 模块号：填入规划的 SG 业务模块号。

链路序号：即 SLC，填 0，需要对方保持一致。

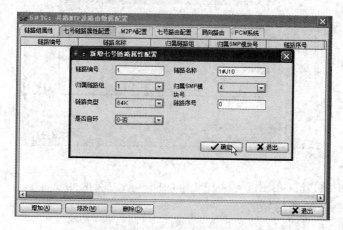

图 6-51　新增七号链路

添加完成后选中链路点击"修改"，则修改链路的物理属性，见图 6-52。

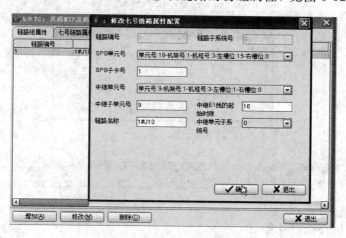

图 6-52　修改七号链路属性

SPB 单元号：填写链路处理模块下的 SPB 单元号。

SPB 子卡号：取值范围 1~4，一般从 1 开始填起。

中继单元号：根据实际情况填写（链路所在 DTB 板的单元号）。

中继子单元号：根据实际情况填写（DTB 为 9~40，代表后面 1~32 个 E1）。

中继 E1 线的起始时隙：根据实际情况填写，一般为 16。

（3）七号路由配置。点"自动增加七号路由"，进入配置界面，如图 6-53 所示。

路由序号：自定义。

七号路由名称：自定义。

链路组：对应前面创建的链路组编号。

链路排列方式：无特殊要求任意排列即可。

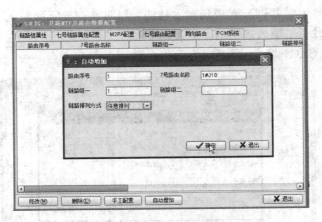

图 6 - 53　七号路由配置

（4）局向路由配置。在图 6 - 54 中，将局向和路由对应起来。

局向号：到 PSTN 侧的局向。

路由一、路由二、路由三和路由四：根据实际情况填写。

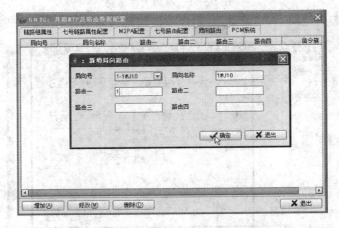

图 6 - 54　局向路由配置

（5）SCTP 属性配置见图 6 - 55。

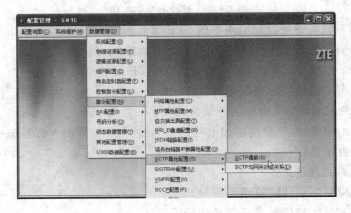

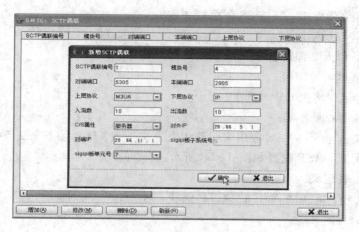

图 6-55　SCTP 属性配置

SCTP 偶联编号：自定义，根据个人规划编写。

模块号：填写规划的 SG 业务模块号。

对端端口：根据实际规划填写，53XX/54XX，XX 为 SG 的设备编号。

本端端口：根据实际规划填写，29YY，YY 为 SG 的设备编号。

上层协议：M3UA。

下层协议：IP。

入流数、出流数：与 SS 侧一致，一般填 10。

C/S 属性：服务器。

对外 IP：SIPI 的 IP 地址，根据实际情况填写。

对端 IP：SS 的 IP 地址，根据实际情况填写。

3）M3UA 配置

M3UA 数据配置菜单如图 6-56 所示。

（1）AS 配置。AS 配置如图 6-57 所示。

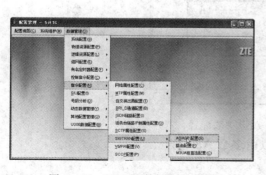

图 6-56　M3UA 数据配置菜单

图 6-57　AS 配置

AS 编号：自定义。

AS 名称：自定义。

局向序号：到 SS 的局向。

工作方式：负荷分担，需与 SS 侧保持一致。

协议支持：M3UA。

(N+K)N：填入 2 即可。

(N+K)K：填入 2 即可。

应用类别：至少将 ISUP 勾选上。

客户端服务器：服务器。

选路上下文：与 SS 的 AS 应用索引路由上下文一致。规划为 SG 设备编号。

(2) ASP 配置。ASP 配置如图 6-58 所示。

ASP 编号：自定义。

SCTP 偶联号：承载该 ASP 的 SCTP 偶联，与 ASP 一一对应。

ASP 名称：自定义。

客户端服务器：服务器。

协议类别：M3UA。

图 6-58　ASP 配置

(3) AS-ASP 关联。AS-ASP 关联配置如图 6-59 所示。

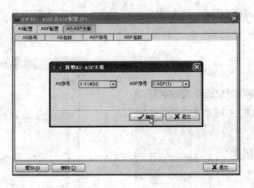

图 6-59　AS-ASP 关联配置

AS 可以包含多个 ASP，1 个 ASP 也可以由多个 AS 包含。

10. SS 侧大容量网关的数据配置

当前大多数接入 SS 的网关，所带用户或中继的容量都较小，因此其上所带用户在 SS 上都由一块 SPC 板处理。现在 SS 需要接入大容量网关，而大容量网关可能带有十几万甚至几十万的用户（中继），如果把这些用户都分布在一块单板上，那么显然单板的容量和处理能力是不允许的，这就需要把同一个网关上所带的用户（或中继）分布到不同的单板上来进行分担。

为了支持大容量的网关，将网关的处理分布到 SS 的多块处理板上，这样就有一个新的数据配置方式：一个大容量节点对应着多个分发节点（Subnode），分发节点配置到不同的处理板处理。所以在配置大容量节点时就需要注意几个问题：

一个大容量节点上的用户（中继）怎样分到几个分发节点？

大容量节点通过哪个分发节点向 SS 注册？

内置 SG 功能如何在 SS 上实现？

下面就将按照一个大容量节点的配置过程，介绍一下 SS 支持大容量节点的数据配置方法。

1）新增大容量网关节点

首先，要在大容量网关设备中新增一个节点。在 EMS 的拓扑图中，鼠标右击 SS 网元，选择"配置管理"，进入 SS 配置的图形界面，双击最右侧名称是"MSG"的大容量网关设备图标。在大容量网关设备图中，鼠标点击左上角的新增节点图标，弹出新增大容量节点配置界面，如图 6-60 所示。

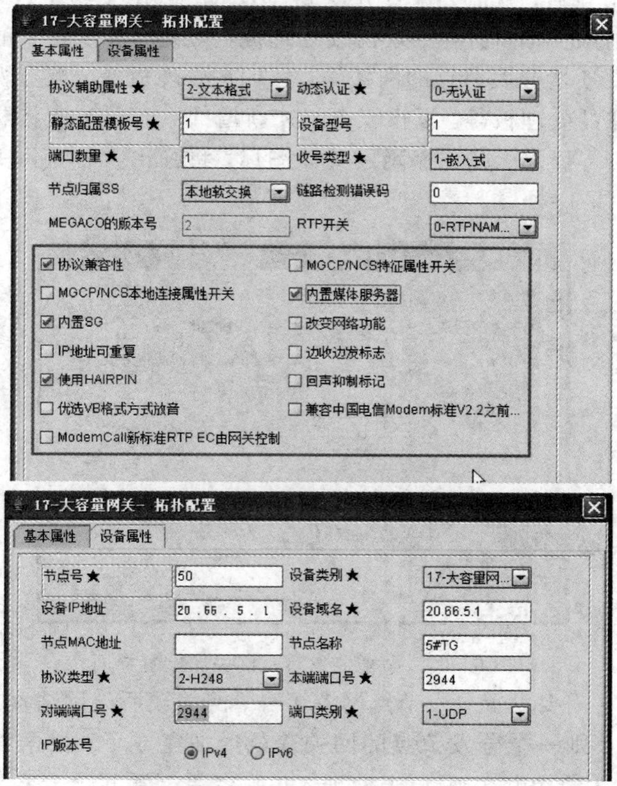

图 6-60 大容量节点配置界面

从配置界面可以看出，大容量节点需要配置节点的节点号、设备 IP 地址（同 MSG 9000 侧 SIPI 地址）、设备域名等基本属性。协议类型是 2-H248，本端端口号和对端端口号都是 2944，端口类别为 UDP。在设备属性中，如果大容量网关使用内置 SG 和内置媒体服务器，则需要把相关的两个选项勾上。同样，要网关支持 Hair-pin 功能，需要在选项上打勾。所有数据配置完成，按"确定"按钮，则增加完成，界面中出现新增的节点，如图 6-61 所示。

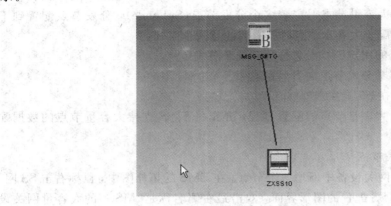

图 6-61　新增大容量节点界面

2）新增分发节点的网关簇

新增了大容量节点后，就需要配置分发节点了。分发节点类似于一个小容量的网关节点，这个节点上的用户（中继）只在一块协议处理板上处理。和配置一般的中继网关节点一样，数据配置首先要新增分发节点的网关簇，然后在处理板上分配分发节点网关簇的数据区，配置网关簇所在的处理板等。鼠标双击刚才新增的大容量节点图标，进入分发节点网关簇界面。鼠标点击界面左上角的新增网关簇图标，将弹出大容量网关簇配置界面，如图 6-62所示。

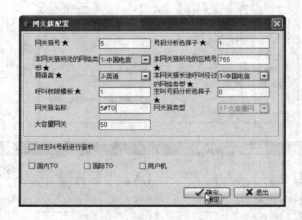

图 6-62　新增分发节点网关簇配置界面

在这个界面上，需要设置分发节点网关簇号、网关簇所处网络类型、区域号等。配置好后按"确定"按钮，则一个分发节点的网关簇就增加完成了。根据大容量网关的配置容量，事先确定在 SS 上需要几个 SPC 来处理，并确定要配置几个分发节点，每个分发节点对应一个网关簇，那么也要相应地增加相同数量的网关簇。把所有分发节点的网关簇增加完成后，下一步就为这些网关簇分配处理板。

3）分发节点网关簇处理板配置

和普通的网关簇一样，在给大容量网关分发节点网关簇分配处理板之前，需要在处理板上增加该网关簇的数据区。在 SS 机框配置界面上，鼠标点击要分配数据区的处理板，按右键，选择数据区容量配置，弹出处理板数据区配置界面。按照上述步骤，把所有分发节点的网关簇数据区都配置完。注意新增单板的数据区后，需要重启该单板才能使配置生效。重启 SPC 单板时，注意互为主备的单板尽量不要同时进行，以免影响用户的正常呼叫接续。

单板数据区新增完成后，就可以给网关簇分配处理板了。进入大容量网关节点网关簇界面，在 SS 图标上单击右键，选中"机框配置"。在图 6-63 中出现的机框图上，右击想要设置的 SPC 单板，选中"数据区容量配置"。

图 6-63 机框图

在"数据区容量配置"中按"增加"按钮，出现新增数据区容量配置界面，如图 6-64 所示。"网关簇号"就填上我们刚才新增的分发节点的网关簇，下面的数据区要根据该分发节点的处理容量合理分配。例如，"呼叫最大数据区"表示该簇同时处理的最大呼叫数，"H248 最大数据区"表示该簇能处理的 H248 呼叫数。对于一般 TG 节点，一般要配置呼叫数据区、H248 最大数据区、七号呼叫最大数据区、SS7 单电路最大数据区和 SS7 电路群最大数据区。如果该大容量网关还具有 V5 或者 BRA 等功能，则根据需要配置 V5 或者 DSS1 类型的数据区。各种数据区配置好后，按"确定"按钮，则一个网关簇的数据区配置完成。如果该网关簇还有备用处理板，则还需要在备用处理板上分配相同的数据区。

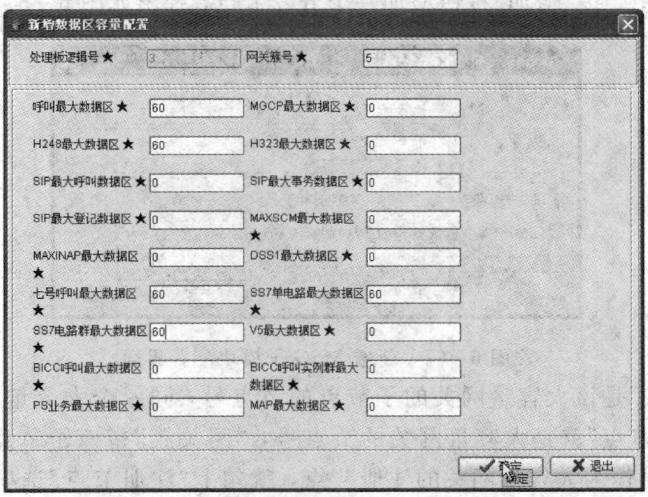

图 6-64 单板数据区容量配置界面

在网关簇图标上点击鼠标右键，在菜单中选择"网关簇到处理板配置"，然后在弹出的网关簇到处理板界面中填入该网关簇的主从处理板，如图 6 - 65 所示。

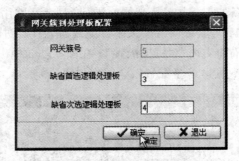

图 6 - 65　网关簇与处理板配置界面

4）大容量网关分发节点（MSG 子模块）配置

配置完分发节点的网关簇后，下一步就是给网关簇中新增分发节点了。这一步骤也称为 MSG 子模块配置。和一般的网关簇中增加节点不同，大容量网关的子节点不是进入到分发节点网关簇里按增加节点的图标，而是在大容量节点上单击鼠标右键，弹出选择菜单，选择"MSG 子模块配置"，弹出大容量网关的分发节点配置界面，如图 6 - 66 所示。

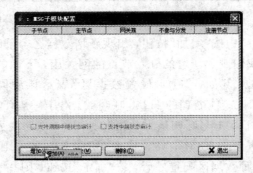

图 6 - 66　MSG 子模块配置界面

在这个界面上，按"增加"按钮增加一个分发节点，弹出如图 6 - 67 所示界面。

图 6 - 67　新增 MSG 子模块配置界面

其中"子节点"是该大容量网关的子节点的节点号，同一个大容量节点的子节点号最好是连续的。"主节点"就是大容量网关的节点号，"网关簇"指该子节点所在的网关簇号。如果这个子节点要作为大容量网关的注册节点，就勾上"注册节点"选项。注意：一个大容量网关只能有一个注册节点，如果已经把某个子节点配置为注册节点，则不能把该大容量网关下的其他节点再配置为注册节点。而且一个大容量网关必须要配置一个注册节点。如果该节点不参与 H.248 协议信息的分发（如纯 SG 节点），选择"不参与分发"选项。在这里还要注意子节点和分发节点的网关簇是一一对应的，例如，在上述步骤中如果配置了 3 个分发节点网关簇，则这里也要新增 3 个子节点分别到这 3 个网关簇中。增加好后按"确定"按钮。子节点配置好后，我们就可以在图形界面中进入大容量网关簇中看到刚才增加的子节点，该子节点的属性和大容量网关的属性是一致的。

5）大容量网关对端交换机局向配置

在配置对端交换机局向之前，首先要配置 SG 索引组。索引组里的 SG 节点号可以选择大容量网关分发节点中的任何一个节点，一般选择注册子节点，但一旦选择该节点作为 SG 节点，则后面的 SCTP 链路等和 SG 节点相关配置都要按照这个节点来配置。在 SS 系统中，每个 PSTN 局向对应一个 SG 组。在数据库图形界面工具菜单中选择"协议配置→SS7 配置→同一局向 SG 组配置"按钮，如图 6-68 所示。策略权值为 0 表示无效，两个 SG 节点优先级相同表示负荷分担。

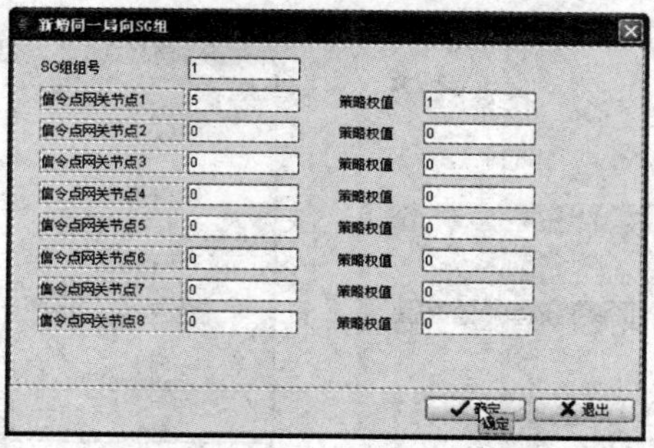

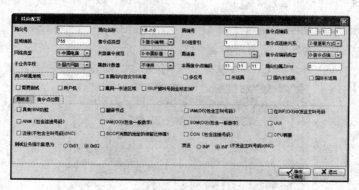

图 6-68 同一局向 SG 组配置界面

配置完 SG 索引组后，在作为 SG 节点的大容量分发节点拓扑图中，点击大容量网关节点，点击网关簇，在左上角点击新增局向图标，配置对端交换机的属性及参数，SG 索引组就是上面新增的索引组，如图 6-69 所示。

图 6-69 增加 CO 配置界面

6）SCTP 和 M3UA 相关配置

首先在"协议数据配置→SCTP 配置→SCTP 端口配置"中查找 SCTP 端口和 SPC 板的对应关系，确认 SG 的大容量网关分发节点所在处理板对应的端口范围，然后在"SCTP 链接配置"中新增一条 SCTP 链接，如图 6-70 所示。

图 6-70　SCTP 连接配置界面

　　配置完 SCTP 连接后，下一步是配置 SCTP 应用服务器。选择"协议配置→SCTP 配置→SCTP 应用服务器配置"，见图 6-71。

　　在这个界面中新增应用服务器索引，对端 SG 节点号就是做 SG 的分发节点号。路由上下文要与 MSG 9000 设置一致。应用索引配置完，要增加映射关系，如图 6-72 所示。

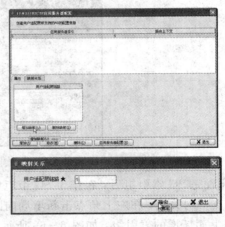

图 6-71　应用服务器索引　　　　　　图 6-72　应用服务器映射关系配置界面

　　应用服务器索引就是刚才新增的索引号，用户适配层链路就是 SCTP 连接号，在此把二者做一个映射关系，然后是应用服务器配置，如图 6-73 所示。在新增的应用服务器索引下，配置对端交换机局向的 CIC 和连接上层用户，选择"应用服务器配置→增加"。

图 6-73　应用服务器配置界面

以上所有配置完成后，SS 应该可以和大容量节点建立 SCTP 连接，M3UA 处于激活态，对端交换机信令点可达。

7）中继配置

对端交换机局向配置好以后，就可以在 SS 上增加大容量节点上的中继群和中继群电路了。中继群配置界面如图 6-74 所示。

新增中继群的时候，节点号要填分发节点的节点号。根据话务符合均衡的原则，把大容量节点上的中继组合理分配到几个分发节点上，使 SS 的处理板能平均分担大容量节点上的话务。例如，大容量网关上有 30 个 E1 和对端交换机相连，SS 配置了 3 个分发子节点，则在新增中继群时，每个分发子节点分配 10 个 E1 是比较合理的。

点击"中继配置"，则进入下面的配置界面，如图 6-74 所示。

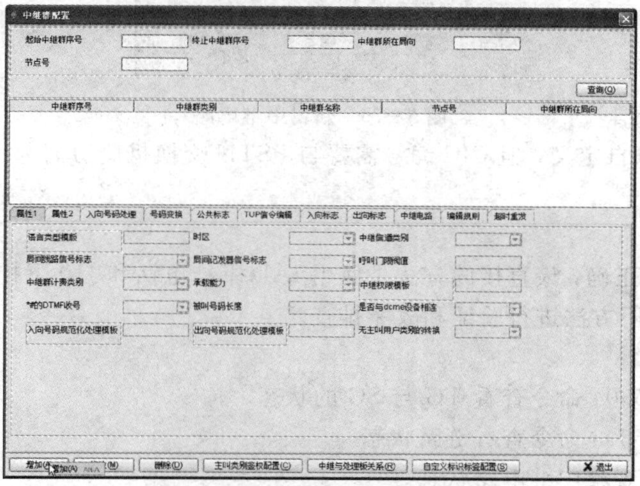

图 6-74 中继群配置界面

在图 6-74 中点击"增加→新增双向中继群"，即可出现图 6-75 中的新增中继群配置界面。

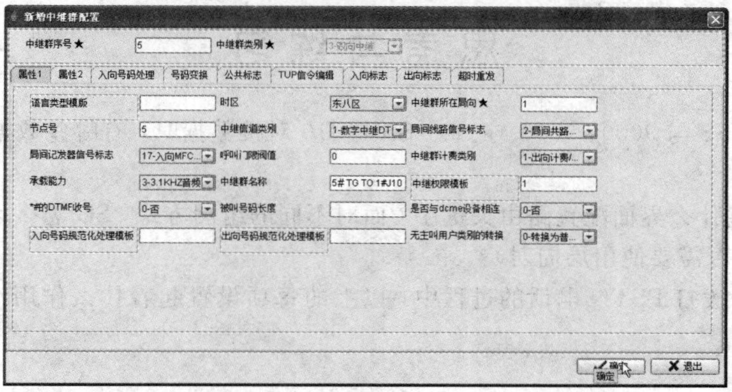

图 6-75 新增中继群配置界面

建立好中继群后，把中继电路加入到中继群中，添加过程中也把 CIC 和中继群内电路序号关联起来。选择"增加→新增中继群电路"，新增界面如图 6-76 所示。

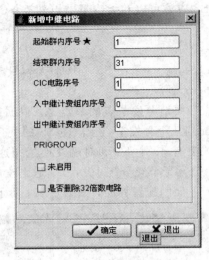

图 6 - 76　新增中继电路

群内序号可以自定义，但 CIC 编号需要与 PSTN 交换机侧协商。

6.4.4　数据验证

验证数据是否正确，最直接的方法是使用 IAD 下挂电话和 J10 下挂电话进行互拨，另外，也可以通过以下方法进行验证和故障排查。

1. SS 侧

使用 5004 和 5304 命令查看 TG 与 SG 的状态。

使用 5302 和 5303 命令查看链路状态。

使用诊断界面观察中继电路状态。

2. MG 9000 侧

使用动态数据观察查看 TRUNK、MTP 链路、局向、AS、ASP 及 SCTP 的状态。

使用信令跟踪观察 H.248 状态。

思 考 与 练 习

1. 在配置 SS 与 9000、9000 与 J10、SS 与 J10 对接数据时，有哪些数据必须保持双方一致？

2. SG 通过什么界面配置路由关键字？面对不同的组网方式，SG 怎么设置适合的路由关键字（例如是否需要使用局向对）？

3. 在 IAD 拨打 PSTN 电话的过程中，以上的每项设置起着什么作用？它们之间有没有什么关联？